共同富裕背景下
浙江省城乡风貌建设的
理论与实践

浙江省城乡风貌整治提升工作专班办公室　编著
浙江工业大学课题组

U0177934

中国建筑工业出版社

图书在版编目（CIP）数据

共同富裕背景下浙江省城乡风貌建设的理论与实践 /
浙江省城乡风貌整治提升工作专班办公室，浙江工业大学
课题组编著. —北京：中国建筑工业出版社，2024.5
ISBN 978-7-112-29720-7

Ⅰ.①共… Ⅱ.①浙… ②浙… Ⅲ.①城乡建设—研
究—浙江 Ⅳ.①TU984.255

中国国家版本馆CIP数据核字（2024）第066162号

　　本书内容包括改革开放以来浙江城乡风貌建设的实践脉络、理论解读，城乡风貌整治提升的研究框架、管理体系、浙江经验以及未来战略等。

　　本书可供广大城乡规划师、建筑师、风景园林师、环境艺术工作者、高等建筑院校师生以及城乡建设管理者等学习参考。

责任编辑：吴宇江
文字编辑：郑诗茵
书籍设计：锋尚设计
责任校对：张惠雯

共同富裕背景下浙江省城乡风貌建设的理论与实践
浙江省城乡风貌整治提升工作专班办公室
浙江工业大学课题组
编著
*
中国建筑工业出版社出版、发行（北京海淀三里河路9号）
各地新华书店、建筑书店经销
北京锋尚制版有限公司制版
北京中科印刷有限公司印刷
*
开本：787毫米×1092毫米　1/16　印张：17¾　插页：1　字数：326千字
2024年3月第一版　　2024年3月第一次印刷
定价：118.00元
ISBN 978-7-112-29720-7
　　（42824）

编委会

主 任 编 委：应柏平

副主任编委：姚昭晖　赵秋立　陈前虎

编　　　委：赵　栋　黄　武　缪磊磊　张　勇

编写组

组　　　长：陈前虎　吴一洲

组　　　员：丁兰馨　陈彬彬　徐海森　王安琪

　　　　　　俞英豪　张　骋　邓媛祺　于力群

　　　　　　丁旭华　薛欣欣　李凯克　李　翔

　　　　　　章　薇　胡　玺

序

2003 年，时任浙江省委书记习近平同志为浙江省域的全面发展和顶层设计提出了"八八战略"思想，并引领浙江开启伟大变革之路，其中明确要求"进一步发挥浙江的城乡协调发展优势，统筹城乡经济社会发展，加快推进城乡一体化"，并亲自擘画实施了"千村示范、万村整治"工程（简称"千万工程"）。20 年来，浙江全省坚定不移地深入实施"八八战略"，持续推动"三改一拆、五水共治、美丽乡村、小城镇环境综合整治、美丽城镇"等系列行动，其城乡环境品质和城乡融合发展水平显著提升。

为贯彻习近平新时代中国特色社会主义思想，特别是全面落实习近平总书记关于城乡建设的一系列重要讲话精神，2021 年，浙江省在全国率先实施城乡风貌整治与提升行动，坚持城乡一体、有机更新、系统治理的理念，统筹推进城市、小城镇和乡村建设，融合集成美丽河湖、美丽公路、美丽田园、美丽绿道建设等工作，强调风貌整治与功能完善，以及产业升级、生态优化、治理提升、文化彰显一体化推进，集成连片推动城乡环境品质综合提升，打造"整体大美、浙江气质"的新时代"富春山居图"。2022 年，经浙江省委全面深化改革委员会第十九次会议审议通过，经浙江省政府同意，印发《共同富裕现代化基本单元规划建设集成改革方案》，明确将城乡风貌样板区作为共同富裕城乡融合的基本单元，联动未来社区、未来乡村建设作为推进共同富裕的重要抓手和标志性成果。

目前，全省已累计开展 411 个城乡风貌样板区作试点建设，已建成 171 个城乡风貌样板区，择优选出 68 个"新时代富春山居图样板区"。同时，以城乡风貌样板区建设为龙头，综合实施基础设施更新改造、公共服务优化提升、人口门户特色塑造、特色街道整治提升、公园绿地优化建设、小微空间"共富风貌驿"建设、"浙派民居"建设、美丽廊道串珠成链八大专项行动。城乡风貌整治提升工作已逐步由样板创建迈向全面综合提升，逐渐成为浙江城乡品质建设的金名片、百姓可感可知的幸福体验。下一步，按照浙江省委提出的"坚定不移深入实施'八八战略'，绘好现代版'富春山居图'"以及"千村引领、万村振兴、全域共富、城乡和美"的重要指示精神，加强城乡统筹联动，纵深推进城乡风貌整治提升工作，在城市、县域、小城镇、乡村等领域进一步深化落实全域共富、城乡和美、品质提升的工作要求，奋力打造中国式现代化城乡品质建设的浙江省域样板。

在前一阶段实践的基础上，为总结凝练可复制推广的典型经验和理论成果，浙江省城乡风貌整治提升工作专班办公室联合浙江工业大学课题组共同编著了《共同富裕背景下浙江省城乡风貌建设的理论与实践》一书。希望通过分享交流、互学互鉴，让城乡风貌的"浙江经验"更好助力美丽中国的深化建设，让"全域共富、城乡和美"的宏伟蓝图加速成为美好现实！

（应柏平，浙江省住房和城乡建设厅厅长）

前言

习近平总书记在党的二十大报告中提出了以中国式现代化全面推进中华民族伟大复兴。中国式现代化是实现人民对美好生活向往、全体人民共同富裕的现代化，是物质文明和精神文明相协调的现代化，也是人与自然和谐共生的现代化。风貌是一个国家自然和社会环境的"内化"与"外显"，深刻反映了国家人居环境的物质文明与精神文明的发展程度。城乡风貌既要符合全体人民共同富裕和人民对美好生活的需求，也要符合生态文明的永续发展理念和实现美丽中国的目标。

党的二十大报告提出，坚持人民城市人民建、人民城市为人民，提高城市规划、建设、治理水平；实施城市更新行动，加强城市基础设施建设，打造宜居、韧性、智慧城市；提升环境基础设施建设水平，推进城乡人居环境整治；为我国城乡风貌的建设指明了新的方向。多年来，国内开展了大规模的城乡风貌整治实践探索，全国各地从不同层面、以不同形式进行统筹规划和实践。人类文明发端于特定的自然地理环境。我国幅员辽阔，差异化的自然本底孕育出精彩各异的文化基因，并在城乡特色风貌中体现。同时，由于地域发展差异，社会经济发展水平不同，各地的做法与模式也呈现多元化，如成都的公园城市建设、上海的微更新等，都是非常好的实践经验。

浙江省自2000年以来，围绕忠实践行"八八战略"方针，奋力打造"重要窗口"，协调推进新型城镇化和乡村振兴战略，聚焦高质量共同富裕，推进城乡有机更新，全面实施了以城市和县域为主要对象的城乡风貌整治提升行动。这一过程也形成了显著的阶段性特点，从"千万工程"、美丽乡村和美丽城镇，到特色小镇、未来社区和未来乡村，再到目前共同富裕现代化基本单元建设，浙江的探索总体上呈现了从点线到全域、从外在到内在、从建设到治理的理念转变。城乡风貌整治提升行动以未来社区、未来乡村、城乡风貌样板区三大基本单元为载体，在全域推进的工作体系、省市县三级联动工作机制、共同富裕现代化基本单元的集成改革框架、城镇社区公共服务设施等方面的建设取得了显著的成效，也形成了丰富的实践成果、理论成果和制度成果。

"风貌"二字包含"风"和"貌"两方面："貌"是外在空间形态特征的体现，"风"是内在精神和文化内涵的体现，即"风"是"貌"的内在本质，而"貌"则是"风"的外在表征。再具体一点，"风"是风貌的内化、内在、内景，是城乡人居环境中非物质化的风土、风水、风物的一面；"貌"是风貌的外化、外在、外景，是城乡人居环境中物质化的风土、风水、风物的另一面，是在一定的资源、环境、生态条件下，物质环境各构成要素形态和空间的表现。自古以来，中国人对风貌是有理想的，理想追求的结果是"天人合一"，是无形的"风"与有形的"貌"的"主客合一"。数千年来，中国山水人居环境风貌给予我们的恩惠难以估量，敬畏风貌、尊重风貌、重视风貌，功在当代，利在千秋。我们应当借助现代科技，全面认识、深入发挥风貌的作用，让城乡风貌建设更具前瞻性、长远性，让作为"天人合一、主客合一"集中代表的中国特色城乡风貌成为美丽中国的先锋、绿色发展的动力、生态保护的愿景。

近年来，浙江省的城乡风貌整治提升行动在大量实践中进行了城乡风貌建设模式的创新，主要包括3个方面：一是打破城乡二元结构，将"城"和"乡"统筹融合考虑；二是将单体和要素进行系统化整合，对城乡"美丽要素"进行体系化引导；三是通过未来社区、未来乡村和城乡风貌样板区三类对象的集成，推进共同富裕现代化基本单元的建设。为加强城乡风貌建设的理论探索成果和浙江实践经验的交流，浙江省城乡风貌整治提升工作专班办公室和浙江工业大学课题组共同编著了《共同富裕背景下浙江省城乡风貌建设的理论与实践》一书，希望通过相互学习交流，与各地主管部门一同努力，为改善人居环境、塑造美丽国土，贡献浙江的智慧和力量；在新时代中国式现代化建设中，全面提升城乡风貌在生态文明、美丽中国和人民城市建设中的重要作用，让天更蓝、山更青、水更秀、林更幽、田更丰、湖更静、草更丽、城更美、民更慧，让城乡风貌引领美丽中国前行。

目录

第一章

绪论

1

研究背景与意义

1.1 中国式现代化的新发展阶段要求

全面建成富强民主文明和谐美丽的社会主义现代化强国，是我国第二个百年奋斗目标，美丽中国建设是其重要的组成部分。在党的二十大报告中，习近平总书记明确指出，中国式现代化是人与自然和谐共生的现代化，尊重自然、顺应自然、保护自然是全面建设社会主义现代化国家的内在要求。中国式现代化，是新时代新征程下探索出的新道路，体现共性与个性相结合，既有各国现代化的共同特征，更有基于自己国情的中国特色。

浙江省第十五次党代会提出，在高质量发展中奋力推进中国特色社会主义共同富裕先行和省域现代化先行，贯彻落实党的二十大和省第十五次党代会精神，应以统筹城乡区域发展为抓手，创新城乡融合和区域协调新路径，在高质量发展中促进共同富裕。习近平总书记在浙江工作期间，从促进全体人民共同富裕、物质文明和精神文明相协调、人与自然和谐共生等视角做出了一系列重要部署，如"走新型工业化道路""加快推进城乡一体化""创建生态省""山海协作"和"建设文化大省"等。多年来，浙江波澜壮阔的实践历程，可以说是探索中国式现代化道路的一个生动缩影。2021年，浙江聚焦城乡范围，创新性地提出实施城乡风貌整治提升行动，该行动作为一项系统集成工作，以"整体大美、浙江气质"为目标，将风貌提升与文化提升、功能提升、生态提升和治理提升深度融合，聚焦"规划引领"，引导百姓全过程参与，为建设中国式现代化提供了新的浙江经验和智慧。

1.2 推进共同富裕示范区建设的时代背景

党的二十大报告为共同富裕赋予了新的内涵和使命，明确了共同富裕在中国式现代化建设中的重要地位和基础作用。浙江省在全国范围内，整体富裕程度相对较高，发展均衡性较好。根据《长三角地区人类发展进程报告》研究，浙江已进入极高人类发展水平，迈上了人类发展的新台阶。2021年5月，《中共中央 国务院关于支持浙江高质量发展建设共同富裕示范区的意见》提出，到2025年，浙江省推动高质量发展建设共同富裕示范区取得明显实质性进展，到2035年，浙江省高质量发展取得更大成就，基本实现共同富裕，以浙江先行先试为全国实现共同富裕探路。

浙江在高质量发展建设共同富裕示范区的过程中，确立了"扩中""提低"和"稳底板、扬长板、补短板、创新板、树样板"的发展思路，以亚运会为窗口，向世界展现浙江的别样精彩。其中"树样板"就是要创先争优，聚焦关键环节，建设好共同富裕现代化基本单元，以未来社区、未来乡村和城乡风貌样板区三大基本单元为载体，推动高质量发展建设共同富裕示范区，不断提升人民群众获得感、幸福感、安全感和认同感。共同富裕现代化基本单元是"共同富裕先行、省域现代化先行"，从宏观谋划到微观落地的变革抓手、集成载体、民生工程、示范成果。基本单元建设，是基础设施与公共服务同步提升的建设，更是物质世界与精神世界共同富裕的建设，其宗旨是人的现代化。为此，浙江构建了共同富裕现代化基本单元规划建设"1352+N"的系统架构（图1-1），逐步实现公共服务普惠共享、人居环境宜居宜业、城乡融合整体智治、城乡风貌整体大美、浙派文化特色彰显。

1.3 新发展理念引领下的城乡建设导向

2021年，浙江省政府提出"整体政府、整体智治"的执政理念，开展了全方位、系统化的数字化改革，经历了从"四张清单一张网""最多跑一次""城市大脑"到"精密智控"的数字化治理历程，数字化已然成为发展的最强驱动力之一。"生态化、人本化、数字化"的价值体系作为社会、环境和经济三者有机联系的整体，人是生态化和数字化的主体，生态化是人本化、数字化的基本需求，数字化是人本化和生态化的支撑（图1-2）。浙江省城乡风貌整治提升行动从"三化"（生态化、人本化、数字化）三维价值坐标出发，注重有机更新和区域整体风貌营造。

20多年来，浙江开展了一系列"美丽浙江"建设实践，从"千万工程"到美丽乡村、未来乡村，从小城镇环境综合整治到美丽城镇、未来社区，城乡治理的内涵与广度不断提升，由功能主义逐步转向人本主义，逐步实现了从人居环境整治到产业振兴和治理能力提升的蜕变，为美丽中国建设提供了理论支撑和浙江样板。随着"两美浙江"的深化推进，虽然浙江省城乡面貌已经显著改善，但仍存在重节点打造，轻"点

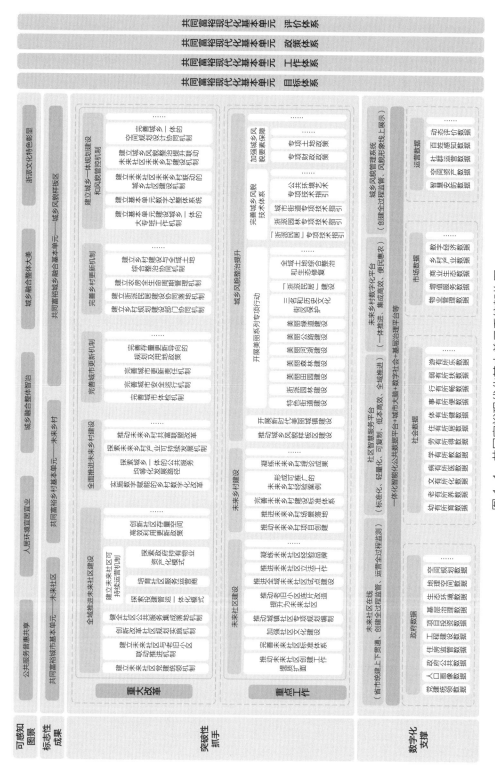

图 1-1　共同富裕现代化基本单元系统架构图

来源：浙江省城乡风貌整治提升工作专班办公室

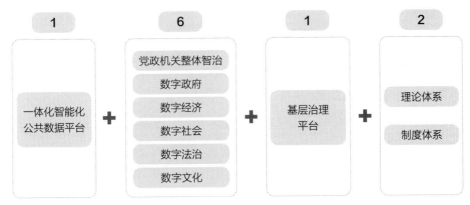

图 1-2 浙江数字化"1612"体系构架
来源：浙江省城乡风貌整治提升工作专班办公室

线面"一体，缺乏整体协调；重硬件建设，轻文化传承，缺乏空间、文化、生态环境的系统融合；重近期建设，轻未来导向，缺乏功能业态、治理维护的有机结合等问题。城乡风貌在不同程度上存在整体协调性不强、特色不显、支撑不足等现象。随着新时期新型城镇化和乡村振兴的深入实施，人民对城乡环境的需求和期待，也从物质需求层次逐步上升到了精神需求层次，体现出多样性、全面性、动态性和层次性的新特征。

2021 年，立足美好生活、以人为本的价值核心，浙江省创新性地提出城乡风貌的整治提升行动，整合城乡建筑与空间更新、城市能级与品质系统化提升的有机更新过程，并深入挖掘本地历史文化，突出地域特色，促进城市、城镇、乡村各美其美、美美与共。

2

城乡风貌整治提升名词定义

2.1 城乡风貌定义

（1）风貌

"风貌"最初是在文学范畴下的概念，在《辞海》中的解释为事物的风格、面貌、格调。

（2）城乡风貌

近年来，由于大规模城市建设的快速推进，导致城乡特色的普遍性退化，风貌营造也开始逐渐被强调。"城乡风貌"的定义与解释在业界尚未达成明确共识，诸多学者从不同角度阐述了对城乡风貌的认知：

从字面意义理解，"风貌"在词义上进行了分工，分别代表"形而上"和"形而下"两部分；城乡风貌在此语境下可以解释为城乡抽象的、形而上的风格，以及具象的、形而下的面貌[①]；

从公众感知角度，城乡风貌不仅包含自然山水格局、精神、文化、活力等通过视觉可以感知的外在形象，还包含生活在城乡中的普通大众的群体记忆[②]；

从城市空间形态角度，城乡风貌是建立在空间平台的基础上，对良好的、优秀的城乡特色空间的一种倡导[③]。

结合空间场所精神、空间形象性和城市意象等理论研究，以及此前诸多关于城乡风貌的概念，本书对城乡风貌的定义可作出如下表述：

"城乡风貌"是城乡物质信息、人文意蕴和生活内涵的复杂综合，是人们可感知的"形"与公众可理解的"意"的结合体（图1-3）。风貌中的"风"是城乡社会人文取向的非物质特征的一种凝练，与时代审美取向、精神品质、地方习俗、风土人情

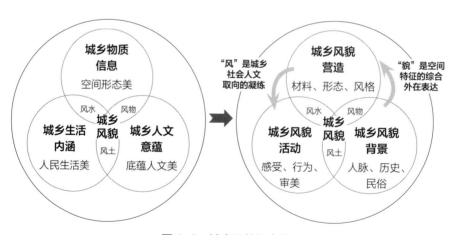

图1-3　城乡风貌概念图

① 张继刚，赵刚，吴学伟，等. 城市风貌信息系统的理论分析［J］. 华中建筑，2000（4）：38-41.

② 王建国. 城市风貌特色的维护、弘扬、完善和塑造［J］. 规划师，2007（8）：5-9.

③ 段德罡，刘瑾. 城市风貌规划的内涵和框架探讨［J］. 城乡建设，2011（5）：30-32.

等非物质价值取向相关联，如诗画江南、婉约、雄伟、科技感等，是城乡风貌特色的内在体现；"貌"是城市物质环境和空间特征的综合外在表达，与城乡实体的物质形态相关联，如建筑形态、建筑色彩、山水环境、街道肌理、天际线等，是易于被公众感知与把握的物质对象。"风"是"貌"的气质体现，"貌"是"风"的空间载体，两者相辅相成，有机结合，形成展现独特文化内涵和时代个性的城乡风貌。

2.2 浙江语境下的城乡风貌整治提升内涵

浙江省作为"两山"理念的发源地和实践地，也是习近平生态文明思想的重要萌发地，多年来开展了"诗画浙江"和"大花园建设"等一系列先行探索，为美丽中国建设提供了先行样板。城乡风貌不仅仅是外在的建设形象，更是自然山水与人文精神共生的综合展现，是历史传承与时代追求的文明交融，是一个地方经济发展活力与社会治理能力的集中体现，也是人民群众的家园所在、精神所系，是由城市和乡村的自然山水格局、历史文化积淀、建筑形态容貌、公共开放空间、街道广场绿化、公共环境艺术等多种要素相互协调、有机融合所表现出的整体气质。在此语境下，本书认为浙江省城乡风貌整治提升行动的内涵包括以下几个方面：

城乡风貌整治提升行动的内涵实质与"两山"理念一脉相承，是在更广领域、更深层级、更高水平下，续写"美丽中国"浙江全域美丽大花园的新篇章。城乡风貌整治提升是浙江省继"千万工程""小城镇环境综合整治"和"美丽城镇建设"之后的创新实践。城乡风貌整治提升并非简单的形象工程，而是一个系统的、制度的综合体系，强调在视野、格局上进行转变，体现政策的延续性。行动立足过去、现在和未来进行通盘考量，以系统性、前瞻性思维进行全局性、战略性谋划，最终实现承前启后、形神兼备。浙江省通过该专项行动，进一步协调推进新型城镇化和乡村振兴战略，加快城市和乡村的有机更新，推动城乡融合和高质量发展。

城乡风貌整治提升行动是深度融合国土空间治理、城市与乡村有机更新、美丽城镇与乡村建设等的一项系统集成工作。城乡风貌整治提升行动坚持风貌提升与功能完善、产业升级、生态修复、治理优化等一体化推进。城乡风貌整治提升与之前实施的未来社区、美丽城镇和老旧小区更新改造等行动理念同源、目标同向，都聚焦打造人民幸福美好家园，高度融合联动了各部门各条线的相关工作，通过串珠成链、由线及面，集成推进、集成展示。理念上，规划、建设、管理、运营、治理一体贯通；操作上，产、城、人、文、景高度融合，并归结上升到新一轮国土空间规划的编制实施，成为省域空间治理现代化的基础。

城乡风貌整治提升行动是推动数字化改革向更高层次、更高水平发展，推进治理体系与治理能力现代化的重要途径。城乡风貌整治提升行动从城市整体利益和项目实施推动的角度出发，通过政策法规、制度设计等多维度的创新探索，打破政府行政边界，条抓块统、整体智治，实现其有序推进和良性循环。在制度设计上，将风貌作为"全民共同财产"进行建设管理，引导全过程公众参与，构建"政府主导、公众参与、专家论证、媒体监督、集体决定"的协商机制，共同缔造治理格局；在技术保障上，以数字化手段推进政府治理全方位、系统性和重塑性的变革，由点及链、由链成网连接政府、社会、企业、个人等各类主体，提高多元主体参与的广度和深度。

城乡风貌整治提升行动是坚持以人为本，建设美好宜居家园，促进共同富裕，不断满足人民群众对美好生活需要的点睛之举。浙江正处于"两个高水平"建设的交汇期，亟待以城乡风貌建设响应居民更高层次的需求，营造与现代化生活方式相匹配的高质量人居环境。城乡风貌建设要深刻理解人民的生活方式和城乡发展形态的深度转变，锚定目标任务，全面提质扩面，聚焦民生服务，打造数字场景，不断满足人们对美好生活的需求，增强居民的获得感、幸福感。城乡风貌提升要坚持高质量发展、坚持效率和公平相统一、坚持维护最广大人民群众根本利益、坚持共建共治共享、坚持循序渐进久久为功、坚持彰显地方特色，为全国促进共同富裕提供更多浙江做法、浙江经验。

3 研究内容与方法

3.1 研究内容

①理论体系构建：梳理基于要素组合、人类感知、社会治理等维度的城乡风貌整治提升的相关理论，学习借鉴城乡风貌保护与营造的国际先进经验，深刻理解城乡风

貌整治提升的理论内涵，由点扩面，自下而上，形成城乡风貌整治提升的理论技术体系。同时，结合"三化"导向和浙江城乡建设实践，提炼各阶段的实践经验，迭代演进，厘清浙江城乡风貌整治提升行动总体框架的逻辑关系，系统总结其工作体系、技术指引体系和要素体系，形成建设指南。

②实践经验总结：梳理浙江省城乡风貌样板区建设的优秀案例与地方风貌整治提升的有关创新案例，如样板区跨区域联创、"n个一"建设等，有助于规划编制单位在进行规划实践时有章可循。通过系统论述政府组织机制的成功经验，如三级专班、比学赶超、奖惩机制等，打造具有浓郁"共富味、未来味、浙江味"的标志性成果，有助于规划管理部门方便有效地管理城乡风貌，为浙江省乃至全国其他省份的风貌整治提升实践提供浙江智慧。

③未来战略指向：深化治理模式与制度设计，对地方特色实践进行优化完善，如风貌条例立法、政府部门间协同机制等，梳理提取体制机制层面值得借鉴的做法，形成"浙江模式"进行全国推广。同时，提出深入理解基本单元建设的三大命题、彰显基本单元建设的标志性特征、落实风貌整治提升的新时代要求、多维度集成推进基本单元建设等战略目标，指明浙江城乡风貌整治提升行动未来的提升方向。

3.2 研究方法

①文献研究：通过查阅城市变迁、城镇发展、乡村建设等领域的相关文献，梳理浙江省城乡建设的相关政策，了解国内外相关领域的研究进展，对已有研究成果进行综述和评价，形成本研究的基础。

②历史资料研究：对浙江城乡建设实践的相关历史资料进行收集整理，多维度分析不同历史时期的社会经济、建成环境和政策导向等发展背景，从历史角度开展对浙江城乡风貌建设的"时间轴"研究。

③理论推导：通过收集国内外优秀风貌建设案例，总结其城乡风貌规划建设的历史、相关管控要求和制度建设，挖掘和总结现有风貌保护和整治的相关理论，同时，结合城乡建设发展的基础理论，总结浙江省城乡风貌形成、演变、整治提升的理论体系。

④案例研究：对浙江省城乡风貌整治提升的优秀案例进行分析，结合浙江省近20年来美丽建设实践的统计数据和实践成果，归纳总结浙江省城乡风貌的形成演变

过程和阶段性特征。

⑤逻辑演绎：基于理论梳理和文献研究，结合近年来城乡风貌整治提升的优秀实践案例，提出适宜不同地区城乡风貌整治提升的差异化路径。

⑥社会调查：通过现场调查浙江省内优秀城乡风貌整治提升的样板区，总结其规划指导、建设推进、制度保障等各方面的先进经验，为城乡风貌相关理论体系的构建提供实践依据。

4
研究技术路线

本书从共同富裕示范区建设和城乡风貌整治的现实背景出发，探索城乡风貌形成、演变和提升的理论体系和国际经验。在梳理改革开放以来浙江省城乡风貌建设实践脉络的基础上，构建城乡风貌整治提升行动的整体框架，形成各部分主要内容；结合优秀案例，对浙江城乡风貌样板区的建设经验和治理创新模式进行详细引介。最后，基于当前实践经验的总结，提出城乡风貌整治提升工作推进机制、风貌协同治理机制、基层创新机制等未来战略方向的建议（图1-4）。

图 1-4 共同富裕背景下浙江省城乡风貌建设理论与实践的技术路线图

第二章

改革开放以来
浙江城乡风貌建设的
实践脉络

自改革开放以来，浙江开展了一系列美丽浙江建设实践：2003~2010 年，浙江省以"千村示范、万村整治"工程（简称"千万工程"）为标志，以功能主义为导向，大规模开展城乡人居环境治理，期望通过对城乡物质空间的重新规划和建设来破解城乡生活环境品质巨大差距的问题；2010~2015 年，以有机疏散理论为导向，浙江省将大城市集聚的人口和产业向中小城镇引导，开展了"小城市培育试点"以及"特色小镇"建设，实现从产业集聚到产城融合、城乡功能完善的理念转型过程；2016 年至今，浙江城乡建设的关注点从物质环境更新整治转向产业振兴发展、社会活力提升、文化经济全面复兴，开展了美丽城镇、未来社区和未来乡村等一系列专项行动（图 2-1）。基于浙江省城乡的建设历程，以及不同时期城乡建设的政策文件、运作方式、整治措施、实践活动和城乡建设决策者的重要观点，全省开展的城乡建设项目被划分为 4 个发展阶段。本章将分别梳理这 4 个阶段的重要事件及发展特征。

1
城乡自组织发展阶段

1978 年，党的十一届三中全会召开，国家进入改革开放阶段，乡镇获得前所未有的发展机遇，通过实施赋权与放活政策，解决农村问题的路径逐步扩宽，突破了城市发展工业、农村发展农业的产业政策。以 20 世纪 90 年代中期为界，浙江省城乡发展可分为工业化模式下的自我快速积累阶段和政府调控下的发展转型阶段。由于这两个阶段在政府行为和发展背景、动力、形式、绩效等方面存在明显差异，民间形象地将它们称为"无心插柳"和"有心栽花"两个阶段。

1.1 1978~1998 年乡镇自组织发展阶段

党的十一届三中全会之后，农村经济持续增长，农民建房实力不断增强，亟待解决中华人民共和国成立后农村房屋破旧短缺的问题。1979 年 12 月，全国农村房屋建设工作会议召开，自此，长期自发进行的村镇建设逐步走上了有引导、有规划、有步

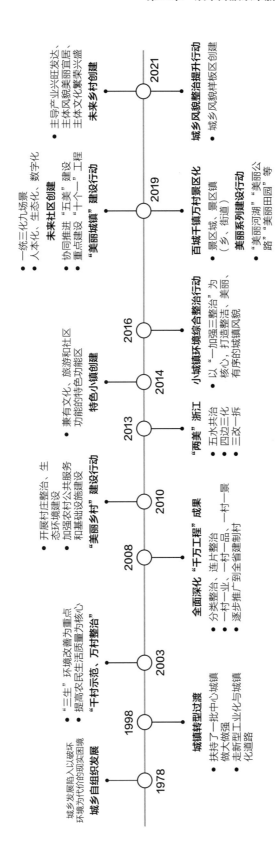

图 2-1 改革开放以来浙江城乡风貌建设的实践脉络图

骤的制度化发展轨道。

这一时期，村民成为乡村发展的主体，重新获得了生产生活的自主权。在村民"求温饱"的需求引导下，以生产为导向的农村改革推动了生活、生产空间的建设，提升了村民的生活水平，但同时也出现了人居环境共同营造意识缺失、乡村生态环境破坏等现象。

与此同时，以国家对农业发展的政策性支持为基础，小城镇作为推动农村和农业发展的"大问题"，逐步得到重视和快速发展。与国家层面的小城镇快速发展势头相对应，浙江省小城镇作为推动农村和农业发展、巩固块状经济优势的重要抓手，也进入了蓬勃发展时期。全省建制小城镇数量由1978年的不足200个上升为1995年的961个，即以年均增加50个小城镇的速度在数量上实现了快速膨胀，1995年以后受政府的调控影响才明显放缓，至1998年数量达到顶峰的1006个之后，数量逐渐呈下降趋势。

在以经济为导向的乡镇人居环境营造过程中，生态和文化空间建设的缺失和城市影响力的持续增强，使得乡镇人地关系愈发紧张，指标式的发展目标使得乡镇人居环境发展既无法适应城市建设模式，也无法回归传统乡村发展模式，乡镇发展陷入以破坏环境为代价的现实困境。

1.2　1998～2003年城镇转型过渡阶段

随着城乡统一市场的建立和扩大内需的内在要求，政府逐步意识到小城镇不仅关系到农村发展的问题，对于整个国民经济发展也同样具有全局意义。小城镇的战略定位由"解决农村和农业发展问题"，进一步提升到"缓解国内需求不足、为工业和服务业发展拓展新空间、实现工业化与城镇化协调发展"的国家"大战略"的高度，并初步提出了小城镇综合改革试点的工作思路，引导小城镇的健康发展和可持续发展成为该时期小城镇发展政策框架的时代主题，小城镇进入了提质转型的发展阶段。

浙江省政府敏锐地意识到必须抛弃"低、散、小"的工业化与城镇化之路，通过撤乡并镇与空间集聚，扶持了一批中心城镇做大做强，走新型工业化与城镇化道路。在中央的政策驱动下，浙江省成为全国实行小城镇综合改革试点的重点省份，并积极进行了一系列小城镇改革的本地探索，例如通过确立100个综合改革试点镇，探索推动基层行政区划调整，拓展了小城镇的发展空间，促进了小城镇的要素集聚和基础设施配置的优化。

2
人居环境整治阶段

2003 年，习近平总书记在浙江工作期间提出了"八八战略"，指出要充分发挥生态、环境和人文优势，以此成为浙江发展的主基调，作为浙江下一个阶段的发展的总指引。以解决乡村基本民生问题和完善基础设施的"千村示范、万村整治"工程为主要标志，浙江进行了一系列城乡物质空间整治的探索与实践，拉开了浙江特色城乡建设的序幕，为业界、学界和政界提供了丰富的研究案例和样本。

2.1 "千村示范、万村整治"

长期的城乡二元结构以及"重城市、轻乡村"的城市优先政策的实施，使得乡村一直处于相对落后的位置，乡村人居环境存在生活空间建设过度、基础设施建设落后和公共服务缺失等问题，乡村生态环境遭受严重破坏，乡村生活环境质量严重下降，村民健康受到威胁。

为更好地推进新时期农村建设工作，探究符合浙江特色的乡村建设模式，在时任浙江省委书记习近平同志的领导下，2003 年开始实施"千村示范、万村整治"的乡村建设工程。"千万工程"实施初期可划分为两大阶段：第一阶段为 2003 ~ 2007 年的乡村基础环境整治阶段，第二阶段为 2008 ~ 2010 年的乡村人居环境提升阶段。

在乡村基础环境整治阶段，浙江省以解决农村环境污染问题为主要目标，重点解决农村垃圾收集和污水处理等问题，对浙江省内的行政村进行分类分批整治提升。其中，"示范村"着重物质、精神文明综合提升的农村新社区建设，"整治村"则关注乡村"脏、乱、差"的基础环境整治，如水净化、垃圾处理等。在激励机制方面，浙江省城乡风貌整治办公室建立以奖代补的资金补偿机制。该阶段的乡村建设不但改变了传统农村杂乱的生活环境面貌，也重塑了各级地方政府和基层村民的价值观念，促使其由被动接受转变为主动参与乡村建设。历经 5 年的环境整治，浙江省乡村建设中基础性的物质空间得到了极大的改善。

在乡村人居环境提升阶段，浙江省以农村生活环境的全面整治为工作重点。该阶段的村庄整治着眼于城乡统筹发展和城乡公共服务均等化，加快全面改善农村人居环境。浙江省将所涉行政村划分为"待整治村"与"已整治村"两大类。其中，待整治村主要进行农村环境综合整治，包括村道硬化、垃圾处理、卫生改厕和污水处理等；已整治村则重点实施生活污水治理和农村土地整理等。在农村人居环境综合整治的资金补助方面，省级政府继续实施"以奖代补""赏罚并存"的措施，体现出浙江省在实施乡村建设工程中严明的考核机制。通过农村土地整理、中心村培育建设等政策的全面措施，浙江省加快推进了城乡基础设施和公共服务的均等化，探索了破解传统城乡二元结构的有效路径，也为后续的美丽乡村建设提供了重要的物质环境基础。

2.2 "美丽乡村"建设行动

综观自上而下政策的持续推进与实施，显著优化了乡村的人居环境，但在此过程中，"千村一面"乡村人居环境建设模式的弊端也日益凸显，乡村特色逐渐缺失，村民的认同感和归属感开始下降，出现了社会关系异化、乡村社会文化衰退、乡村地域个性消失等问题。

在"千万工程"实施的基础上，2010年浙江省委又颁布了《浙江省美丽乡村建设行动计划（2011-2015年）》，标志着浙江省乡村建设进入了深化阶段。该时期的乡村建设坚持以人为本，以"四美三宜"美丽乡村的生态文明建设为主要目标，主要工作内容涉及三大方面：待整治村环境综合整治、中心村建设以及历史文化村落保护利用。其中，前两种类型的村庄建设是对上一阶段的继续深化。在坚持对待整治村进行环境综合整治的基础上，更加注重乡村内在品质的提升与历史文化的传承。同时，积极开展历史文化古村落保护利用，根据不同类型村庄分别采取保护、传承和利用等不同发展方式。

随着《浙江省深化美丽乡村建设行动计划（2016-2020年）》的发布，浙江美丽乡村建设进入了深化阶段，主要内容从"物的新农村"向"人的新农村"转变，明确了"以人为本"的美丽乡村建设核心要义。该阶段的美丽乡村建设内容，从基础的环境整治提升转向了乡村的全面发展，更注重产业经济的发展、历史文化的培育和空间生态的持续保护，更注重全过程、全领域、全空间的美丽乡村内涵建设。

2.3 "两美"浙江战略

随着城镇功能的完善和经济水平的提高，人们对生活环境质量提出了新的要求。与此同时，浙江依然面临着经济发展与生态环境保护之间的突出矛盾和巨大压力，尤其是自然环境资源约束趋紧，粗放型的经济增长方式尚未彻底改变。因此，浙江开始谋求一条生态良好、生产发展、生活富裕的可持续发展新道路。

在此背景下，2014 年 5 月，中共浙江省委十三届五次全会通过《中共浙江省委关于建设美丽浙江创造美好生活的决定》。建设"两美"浙江，是浙江作出的最新求解；打好转型升级组合拳，则是浙江打通"绿水青山就是金山银山"新通道的主要手段。这套组合拳由"五水共治""三改一拆""四换三名""四边三化"等"十招拳法"组成，通过一系列环境综合整治行动，浙江进一步净化、美化、优化了城乡环境，逐渐彰显出"诗画浙江"的独特魅力。

同时，浙江在小城镇领域也开展了一系列更新整治行动。为破解城镇快速发展产生的资源错配、环境污染等问题，浙江于 2010 年 10 月启动了小城镇培育试点工作，为国内首创之举。从选取的首批 27 个小城镇培育试点来看，这些中心镇都具有较强的实力和突出的产业特色，有希望作为未来的发展标杆和样板，更好地发挥人口和产业的集聚作用。小城镇培育试点工作的目标在于通过产业发展、基础设施提升、公共服务完善以及生产生活功能的融合，让小城镇成为经济转型升级、城乡统筹发展的新平台。

县城方面，2014 年《浙江省人民政府办公厅关于加快推进现代化美丽县城建设的意见》出台，明确了该阶段美丽县城工作的各项目标与任务，围绕"强化转型、规模适宜、特色发展、城乡一体"的任务目标，关注县城基础设施的完善、生态环境的保护、城市产业的升级和居民生活品质的提高。该时期的县城建设以提升核心功能、实现特色发展为重点，通过加强城乡规划、建设与管理，进一步改善人居环境。此过程更加突出制度供给和创新驱动，诱导创新活力、新兴产业等要素向县城集聚，加快推进构建集约高效的生产空间和山清水秀的生态空间。

浙江从"两创"（创业富民、创新强省）到"两富"（物质富裕、精神富有），再到"两美"（美丽浙江、美好生活），体现了发展战略、思路和重点的变化。而在这些变化中，有一条主线始终不动摇，即关注百姓民生、富民富裕、美好生活，将物质精神上的丰富性，进一步展现为自然环境、人文环境、生产方式、生活方式和生活状态的美丽形态和美好状态，为美丽中国实践贡献浙江经验。

3
城乡品质提升阶段

浙江省经过美丽乡村、"两美"浙江战略和"千万工程"等物质环境整治行动，城乡卫生环境、城乡秩序、空间面貌等方面取得了长足进步。但是，随着城乡发展水平的提升、人民群众收入水平的提高，城乡居民对美好生活的需求更加高级化和多元化。新时期城乡人居环境建设的关键是如何更好地服务人、吸引人、留住人，提供面向不同人群的差异化高品质服务，满足城乡居民对居住环境、服务设施、环境风貌的高品质需求。

3.1 特色小镇创建

经历了 20 多年的快速城镇化进程，浙江省城市规模迅速扩大，人口数量急剧增加，城乡二元经济结构矛盾突出。在此背景下，浙江省提出了"特色小镇"的创新概念，并在实践中进行探索。

2015 年，浙江省出台了《浙江省人民政府关于加快特色小镇规划建设的指导意见》，提出 3 年创建 100 个左右特色小镇。"特色小镇"并非传统意义上行政区划"小城镇"的概念，而是以产业为主导，兼有文化、旅游和社区功能的特色功能区，聚焦信息经济、环保等七大新兴产业和历史经典产业，是破解浙江发展面临的动力制约与空间瓶颈的重要抓手。作为新兴产业空间，特色小镇一经推出便受到社会广泛关注，并作为转型发展的创举在全国范围推广。

在政策制定方面，浙江省特色小镇政策经历了 3 个发展阶段：以基础性资源和服务供给为主的框架搭建阶段、以精细化服务供给和品牌打造为核心的拓展内涵阶段、以经验回顾和政策体系完善为重点的制定规范阶段。一系列的政策包括组织设计、创建秩序、产业导向、"人、钱、地"要素保障等内容。在特色小镇的建设过程中，浙江省以创建制代替审批制，以批次推进、分类创建、自愿申报、审核考核、末位淘汰、验收授牌的制度设计，激发了地方的积极性，并在考核验收标准方面，构建了由"共性指标"和"特色指标"相结合的多级评价指标体系，严控"特色小镇"的质量和发展方向。特色小镇作为浙江省产业转型升级和新型城镇化的重要抓手，在城乡融合和城乡一体化发展过程中发挥出了巨大作用。

3.2 小城镇环境综合整治行动

小城镇是城乡一体化发展的重要环节，也是浙江省高水平全面建成小康社会的关键载体。但在 2016 年前，浙江省的城镇品质却远远落后于城市。同时，城镇居民对美好生活的向往、对创新生产生活方式以及社会治理方式都提出了更高的要求，期望小城镇向更富活力、更加宜居、更有特色的方向转变。为此，2016 年浙江省全面开展以"一加强三整治"为主要内容的小城镇环境综合整治行动："一加强"即加强规划设计引领，"三整治"即整治环境卫生、整治城镇秩序和整治乡容镇貌。

经过 3 年的全面建设，截至 2019 年 7 月，浙江省 1191 个小城镇环境综合整治任务全面完成，实现了"旧貌换新颜"的美丽蝶变，改变了以往小城镇"既不如村、更不如城"的面貌。通过拆除违法建设、整治环境乱象、提升功能品质的"一拆二整三提升"的工作路径，提升了小城镇环境品质，补齐了功能短板，改善了人居环境。浙江成为当时全国唯一一个在小城镇层面进行全面、彻底、全域环境整治的省份，为全省全面推动高质量发展打下了坚实基础。

3.3 "美丽城镇"建设行动

经过 3 年的小城镇全域整治行动，小城镇环境综合整治取得了全面胜利，但小城镇基础设施和公共服务等功能短板依然存在，空间品质和风貌特色仍需提升，人口集聚和产业发展仍有待加强，制约小城镇发展的体制机制矛盾仍没有得到很好破解。

2019 年，在环境整治的基础上，浙江省又提出了以建设功能便民环境美、共享乐民生活美、兴业富民产业美、魅力亲民人文美、善治为民治理美为核心的美丽城镇建设，从小城镇环境综合整治行动侧重的环境美建设，提升到美丽城镇"五美"的全域整体美建设，开启了"两美"浙江建设的新探索。美丽城镇建设以"十个一"建设为主要抓手，目标是在小城镇环境综合整治阶段性成效的基础上，加快形成"城乡融合、全域美丽"的新格局，打造现代版"富春山居图"，力争将美丽城镇打造成为继美丽乡村之后的又一张"金名片"，为"美丽中国"小城镇建设提供浙江样板。

从小城镇环境综合整治到美丽城镇的"五美"建设，浙江小城镇更新建设的重点从环境美丽向全域美丽转变。在推进新时代美丽城镇建设中，浙江省牢牢把握小城镇高质量发展的工作导向：第一，尊重规律，处理好城镇与城市、乡村的关系，推动城乡高质量融合发展；第二，以人为核心，处理好人、产、城、文、景的关系，走出一条"人产城文景"深度融合的路子；第三，统筹兼顾，处理好样板与整体的关系，实施好"百镇样板、千镇美丽"工程；第四，因镇制宜，处理好共性与特色的关系，按照都市节点型、县域副中心型、特色型和一般型四大类分别进行引导，通过精准施策，形成"各美其美、美美与共"的新形态；第五，稳中求进，处理好积极作为与循序渐进的关系，理念上突出有机更新、建设上突出节约集约、动力上突出改革统领、进度上突出质量优先。

3.4 百城千镇万村景区化

"采菊东篱下，悠然见南山"是中国人心中唯美的理想生活。全民休闲度假时代，浙江省全域旅游已经迈入了"村"时代。充满诗意栖居概念的景区村庄，是实现浙江省打造"大景区"蓝图、进一步走向纵深的有力抓手，也是以美丽乡村建设成果为基础，促进乡村从"环境美"向"发展美"转型，实现"美丽乡村"到"美丽经济"的有效路径。

浙江省第十四次党代会明确提出，大力发展全域旅游，积极培育旅游风情小镇，推进万村景区化建设。该行动的主要目标是利用 5 年时间，通过政策引导、部门联动、资金补助、标准规范、监督考核等方式，围绕村庄业态、配套设施、管理服务、生态环境四项基本目标，引导各地创建 A 级景区村庄，提升发展乡村旅游、民宿经济，全面建成"诗画浙江"中国最佳旅游目的地。

在"万村景区化"基础上，2019 年浙江全面实施"百城千镇万村"的景区化工程：进一步加强人才培育，实现产业振兴；完善公共设施，打造靓丽风景；传承特色文化，提升乡村内涵；强化品牌推广，开展专业运营；对接市场热点，推动融合发展。按照主客共享的理念，真正构建宜居、宜业、宜游的景区村庄，努力形成"一户一处景、一村一幅画、一镇一天地、一城一风光"的全域大美格局。

3.5　美丽系列建设行动

围绕建设人与自然和谐共生的美丽中国，浙江省进一步推出了"美丽河湖""美丽公路"和"美丽田园"等一系列"美丽建设行动"，旨在传承美丽中国"五位一体"实现路径的内涵，为全面建设美丽中国提供地方实践经验。

以美丽河湖建设行动为例，浙江因水而名，因水而兴，但也曾一度因水而困。为此，浙江省委、省政府在2013年底作出了"五水共治"的重大决策，深入实施治水行动，全面消除了劣Ⅴ类水，全省水环境状况有了质的提升。"五水共治"开启了全国全域水环境治理的先河，走出了系统治水的"浙江之路"。2019年，浙江省水利厅和浙江省治水办（河长办）联合印发《浙江省美丽河湖建设行动方案（2019-2022年）》。该方案以实现全域美丽河湖为目标，全力实施"百江千河万溪水美"工程。作为重大民生工程和2019年浙江省十大民生实事，"美丽河湖"被写入了省政府工作报告，它既是群众的愿望，也是乡村振兴、大花园建设和"唐诗之路"打造的重要内容，对浙江省的经济社会发展和生态文明建设意义深远。

4
共同富裕示范阶段

浙江作为高质量发展建设共同富裕示范区，承担着探索路径、积累经验、提供示范的重要历史使命。为推进共同富裕示范区建设，浙江省提出要打造十大标志性成果，其中未来社区、未来乡村和城乡风貌样板区作为共同富裕现代化基本单元的三大标志性成果，为我国共同富裕建设提供浙江样本。

4.1　未来社区创建

党的十九大报告指出，我国社会主要矛盾已经转化为人民日益增长的美好生活需要和不平衡不充分的发展之间的矛盾。当前，老旧小区改造、交通出行改善、生活智慧化建设和文化养老设施增补等各方面的需求日益凸显，满足人民美好生活向往成为浙江省未来社区建设的出发点。浙江省提出的"未来社区"，是一个以人为核心的城市现代化、高质量发展、高品质生活的新平台，是以人民美好生活向往为中心，以数字社会高效组织生活场景为引领，聚焦人与人和谐、人与自然和谐以及人与科技和谐，体现人本化、生态化、数字化三维价值的幸福美好家园。

基于"一统三化九场景"的要求，浙江省未来社区建设的核心是通过多元场景的打造，以达到改造家园和营造生活的目的。未来社区建设的主要内容可以概括为"九大场景"，即邻里场景、教育场景、健康场景、创业场景、建筑场景、交通场景、低碳场景、服务场景和治理场景。"九大场景"不仅涉及传统城市更新中公共服务设施的补充完善，更有符合当下生活新需求的内容，充分体现了新时代的人本主义理念，为国内城市更新实践提供了崭新的范例（图2-2）。

同时，未来社区还具普惠属性，浙江省要求将未来社区的建设理念和要求贯穿城乡旧改和有机更新的全过程，为营造"整体大美、浙江气质"提供新的建设单元和更新思路（图2-3）。

图2-2　衢州龙游翠光未来社区：打造"人文荟萃·赓续传承"全民终身学习型文化社区
来源：浙江省城乡风貌整治提升工作专班办公室

图2-3　嘉兴南湖桂苑未来社区：构筑集老幼"养""医""乐""学"
于一体的沉浸式智慧美好生活场景
来源：浙江省城乡风貌整治提升工作专班办公室

4.2　未来乡村创建

浙江省在持续建设了"千万工程""美丽乡村"等乡村环境整治、促进乡村振兴的行动后，城乡均衡发展势头良好。在内生动力方面，随着乡土特色的社会、文化及管理体系的不断完善，村民的凝聚力明显增强，乡村生态治理也得以有效推进，乡村人居环境建设进入了"人与自然和谐相处"的生产、生活、文化、生态"全方位"融合发展的升华阶段。

为巩固城乡均衡发展成果、促进农民农村共同富裕和农村现代化，浙江在2022年初开展了共同富裕乡村基本单元——未来乡村的建设。与未来社区建设相似，未来乡村建设同样以人本化、生态化、数字化为建设方向，以造场景、造邻里、造产业为建设途径，将目标定位为"主导产业兴旺发达、主体风貌美丽宜居、主体文化繁荣兴盛的乡村新社区"。未来乡村通过集成"美丽乡村＋数字乡村＋共富乡村＋人文乡村＋善治乡村"，以产业、风貌、文化、智慧、邻里、健康、低碳、交通和治理等九大场景打造为核心内容（图2-4）。

图2-4　衢州龙游溪口未来乡村：一镇带三乡，探索共富路
来源：浙江省城乡风貌整治提升工作专班办公室

未来乡村的建设要求更贴近目前浙江乡村的发展阶段，主要依靠原乡人、归乡人和新乡人，通过聚合三类人的力量，形成新的乡村社会共同体，塑造共建共治共享的乡村新格局。通过数字赋能、文化赋能乡村产业，释放乡村的经济、生态、美学等多元价值，把乡村的"美丽"转化为生产力，实现有人来、有活干、有钱赚（图2-5）。

图 2-5　湖州安吉县余村未来乡村：坚定"两山"之路，共富示范先行
来源：浙江省城乡风貌整治提升工作专班办公室

4.3　城乡风貌整治提升行动

自"千万工程"以来，历经设施补全、产业集聚、功能完善等一系列"美丽浙江"实践，浙江省在人居环境的更新改造和城乡一体化方面取得了巨大成就。但这些更新和建设更多是在节点和区块上的提升，在整体层面还缺乏对城乡各要素的相互协调、有机融合，作出系统性的考虑。为此，浙江省在 2021 年 9 月提出了《浙江省城乡风貌整治提升行动实施方案》，旨在加快城市和乡村的有机更新，高水平打造美丽浙江（图 2-6）。

图 2-6　杭州"心相融达未来"亚运风貌样板区，也是浙江省首个跨区的风貌样板区
来源：浙江省城乡风貌整治提升工作专班办公室

　　在城乡风貌整治提升行动中，通过多部门协同，实现多任务集成，集合了美丽乡村、美丽县城、小城镇综合整治、美丽城镇等建设成果。在城乡一体化视角下，城乡风貌整治提升行动统筹城市、乡村两个层面开展整治提升行动，同时强调在现有建设基础上的整治提升，由原有建设成果的"点"扩展到"面"，统筹城乡、自然以及人文整体格局的塑造和提升。城乡风貌整治提升行动同时也是一个提升城乡内涵、营造全域美的过程。从自然基底修复、建筑风貌管控、空间存量梳理、格局肌理重构这些显性的城乡空间环境整治更新，到"优化设施、经营产业、塑造场所、显现文化"的城市内生活力的提升，在满足人们对品质生活人居环境需求的同时，打造浙江新时代"富春山居图样板区"。

第三章

城乡风貌建设的
理论解读

城乡风貌主要通过城乡的山水环境、开敞空间和城乡中的建筑表现等多种因素来综合体现，主要包括自然基底要素、历史文化要素和建筑设计要素。

自然基底要素为城乡的发生、发展和壮大提供重要的基础，制约着城乡的性质和规模，决定着城乡的发展方向、形态、结构和功能，也孕育和塑造了城乡的特色和魅力，深刻地影响了城乡居民的生活、生产方式和习俗。城乡所处的自然条件特色是城乡空间特征的主要因素之一。不同的气候产生不同的建筑形式和组群形态，形成各自的空间特征。就城乡的个体而言，其空间结构、形态方面的特征也多产生于自然环境。城乡与河流、湖泊、海岸、港湾、山脉、高地、森林、植被等特殊地形、地貌结合，形成独特的城乡景观，如苏州与威尼斯的水网城、重庆的山城、广州的云山珠水城等。自然环境要素是城乡风貌的"基底"，是限制城乡设计的"边界条件"，正是自然条件的这些限制，带来了形成城乡风貌特色的可能性（图3-1）。

图 3-1　浙江山、水、林、田、湖、草等自然基底要素
来源：浙江省城乡风貌整治提升工作专班办公室

历史文化要素既包括物质的历史建筑、古村落、古街道、古运河等建筑及景观要素，也包括非物质的历史文脉、人文精神、主体文化定位、礼仪传统、语言文化、戏曲传说等。"历史积淀"是指城市风貌源于城市发展的历史背景、自然环境、社会经济生活的持续影响而形成，风貌塑造是对过去传统与历史遗存的继承发展（图3-2）。

图 3-2　浙江古建筑、古村落、古街道、古运河、非物质文化遗产等历史文化要素
来源：浙江省城乡风貌整治提升工作专班办公室

建筑设计要素多为人工建造，主要有建筑、街区、道路、园林、滨水人工岸线带以及形成的轴线、中心等，建构城市总体风貌要素可以分为宏观、中观、微观 3 个层次。宏观层次要素包含城市空间山水格局、轴线格局、路网格局、主要天际线、绿地系统等；中观层次要素包括区域轴线、区域中心、大园林空间、建筑群、街区立面等；微观层次要素包含核心广场、标志性构筑物、小游园、建筑外形等（图 3-3）。

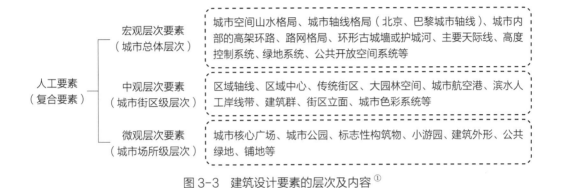

图 3-3　建筑设计要素的层次及内容[①]

本章将从风貌要素组合、人类感知、治理过程 3 个角度出发，梳理国内外相关理论成果，并结合国外城市的典型案例，解读相关理论在风貌建设实践中的运用，最后提出风貌提升的理论框架，对风貌建设的维度构建和方向指引具有借鉴意义。

1

基于风貌要素组合的城乡风貌特征理论

1.1　空间形态论

空间结构载体是城市风貌载体形成的主要物质基础。空间形态研究起源于 20 世纪 50 年代由马奇和马丁（March & Martin）在英国剑桥大学创立的"城市形态与用

[①] 唐源琦，赵红红. 中西方城市风貌研究的演进综述［J］. 规划师，2018，34（10）：77-85，105.

地研究中心"。随后，各种不同概念被发展用以定义和描述建筑和居住聚落。城市风貌载体是由城市空间结构载体和文化时序载体的结合所形成的。结合景观生态学中的形态类型，城市风貌载体分为5种类型：城市风貌圈、城市风貌区、城市风貌带、城市风貌核、城市风貌符号。以上5种风貌载体的空间结构体现了不同的空间形态和尺度，是构成复杂城市风貌系统外在物质构成的基本元素，同时也是风貌载体空间结构5种最基本的表现形式。城市里往往会由于以上几种基本的空间结构形式的相互组合，形成更加丰富的空间结构形态。

类型—形态分析识别城乡空间差异特征。"类型—形态学"分析可以在一定区域尺度上，根据建筑类型细节和开放空间来描述区域的独特形态。分析过程需要识别出城镇/乡村的平面图、用地模型和建筑组成，并且在平面图中区分街道、地块和建筑等要素，同时关注影响城市形态与建筑形态演变的社会要素，以及城市形态与社会行为之间的辩证关系（图3-4）。

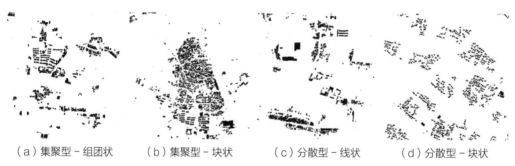

（a）集聚型-组团状　　（b）集聚型-块状　　（c）分散型-线状　　（d）分散型-块状

图3-4　杭嘉湖平原水乡的村落地块整体布局特征分类①

/ **国外案例** /

德国海德堡——依山傍水的城镇风貌管控，独特的山水格局与统一的建筑风貌

海德堡是德国的千年文化古城、大学城、印刷城、浪漫之都、精神圣地，以其独特风貌之美享誉全球。这个城市在推进城市风貌建设方面的做法很有借鉴意义。首先是独特的山水城格局：背山面水，奈卡河与王座山限定古城的边界；古城堡独立于市井之外，是全城的视觉中心，这一整体格局在历史上得到延续和保护。其次是建筑风貌的协调统一，哥特式、文艺复兴式、巴洛克式等不同时期的建筑仍保持了整体风格的协调，

① 朱程远. 杭嘉湖平原水乡村落空间形态特征与更新策略研究［D］. 杭州：浙江大学，2021.

并呈现出中世纪古城典型的城市形态；同时，统一的建筑高度和土红色屋顶构成了古城基调，深蓝色或褐色的公共建筑屋顶带来了协调中的变化。

　　海德堡具有精细化的整体风貌管控体系。首先，海德堡在1972年将旧城改造内容纳入联邦建筑基本法的框架中，并明确了法定改造区的标准、改造责任、传统建筑保护、资金渠道等各种要求；其次，建立风貌规划管控制度，从城市—街区—街巷（广场）—建筑立面4个层面对城市风貌开展研究与规划管控；最后，对街巷及建筑立面细部提出精细的控制要求，对建筑立面一般按屋顶、外墙、基底"三段式"划分，明确建筑形式、尺度、部件、材料及色彩作为构成整体风貌的基础元素，并对这些元素严格管控（图3-5）。

图 3-5　德国海德堡风貌
来源：Getty Images（盖蒂图像）

　　奥地利哈尔施塔特——生态与产业并重的城镇风貌塑造，将空间与功能进行有机结合

　　哈尔施塔特小镇位于奥地利，坐落在阿尔卑斯山中、高山湖泊哈尔施塔特湖畔，背依青山，面朝湖水，拥有丰富的自然风光。1997年，哈尔施塔特被联合国教科文组织列入《世界文化遗产名录》，同时也是将空间与功能进行有机结合的典型案例。站在整个小镇的制高点俯瞰，小镇的格局是紧贴着陡峭的斜坡和安静的湖泊建造的，形成了依山傍水的规划格局。小镇以具有哥特式屋顶的天主教堂和细尖塔的清教徒教堂为中心，散布着建于山坡斜面的住宅、庭院以及富有特色的露天咖啡厅，尊重了原有地形的高差，结合了当地人的生活习惯，打造出富有特色的场所。这一做法既减少了工程土方量，又将原有地形的劣势转化为优势，在原有地形的基础上打造出特色成果（图3-6）。

　　巴黎——城市格局轴线的街巷秩序，建筑风貌的协调之美

　　巴黎以星形广场凯旋门为中心，12条大街辐射四面八方，林荫大道、广场、公园绿

图 3-6　奥地利哈尔施塔特的不同季节风貌
来源：Getty Images（左）；Aflo（右）

地等与纪念性建筑物共同组成仪式感强烈的城市轴线，呈现整齐、对称、向心的古典主义秩序之美，成为世界上最壮丽的市中心之一。巴黎老城区除了埃菲尔铁塔、巴黎圣母院以及教堂的尖顶外，看不到现代摩天大楼，大多是19世纪的奥斯曼建筑，大部分建筑的高度保持在25～31米之间，形成了中心低、外围高、整体平缓统一的空间形态。1977年，巴黎还通过规划，明确以25米、31米和37米3个指标对建筑高度实施严格控制（图3-7）。

图 3-7　法国巴黎城市风貌
来源：Getty Images

1.2　空间尺度论

不同尺度比例的城市空间影响人的心理感受和视觉反应。 对城市空间尺度进行研究的代表性人物是日本当代建筑师芦原义信，他著有《街道的美学》，并提出了人性尺度的城市空间理论，从步行者的角度分析了城市空间的高宽比——D/H（邻幢间距与建筑高度之比），并分析了不同尺度比例的城市空间与人的心理感受、视觉反应的关系。当 D/H 小于 1 时，建筑对空间的围合感强烈，空间封闭感强，可以看清建筑物的细部；当 D/H 大于 2 时，由于建筑过于分离导致空间失去围合感并显得空旷，可以看到建筑群或者把建筑物看成是远景的边缘；当 D/H 在 1 与 2 之间时，空间平衡、尺寸紧凑，可以看到建筑物的整体（表 3-1）。

除了街道空间尺度外，建筑尺度、公共活动空间尺度、沿街建筑立面尺度等都对城乡风貌塑造具有一定影响。

空间尺度相关的风貌特征　　　　　　　　　　表 3-1

要素	特征指引	正面案例示意图	负面案例示意图
建筑	建筑尺度应与城市／小城镇空间相协调，避免片面化追求单体建筑的"标志性"或"超前性"而造成与环境的不协调		
道路	街道宽高比例（D/H）宜适中，从而营造亲切宜人的空间效果		
公共活动空间	公共活动空间不宜设置尺度过大的广场、绿地，宜采用小尺度绿地、小游园、小广场等形式，增强可达性，提高居民利用效率		
沿街建筑立面	沿街建筑立面应大小适宜且有一定变化，统筹规划高度、色彩等，协调沿街建筑室外设施设置，但应注意避免重复雷同、单调乏味		

来源：中国城市规划协会. 小城镇空间特色塑造指南：T/UPSC 0001-2018［S］. 2018.

/ 国外案例 /

意大利锡耶纳——以适宜尺度公共建筑构建特色节点

锡耶纳古城以公共广场为焦点，用公共建筑节点构筑风貌骨架。锡耶纳是一座独特的中世纪城市，城市中的建筑物具有密集性与高度统一性，淡红色调子的砖块与周边丘陵相得益彰，城市建筑结构与周围文化景观形成了协调一致的整体效果。城市以田园广场为中心，并与周围环境进行了天衣无缝的融合，是典型的以公共广场为中心的规划形式。田园广场、祭坛位于城市中心。田园广场独特的贝壳造型堪称建筑史上的杰作。从高处俯瞰，广场呈巨大的扇形，形似贝壳，共9个部分组成，分别代表锡耶纳政府的9个成员。文艺复兴时期的法国思想家蒙田曾说过，广场不仅在空间上是全城的中心（所有的街道都通向广场），也是锡耶纳人精神上的重心，所以公共建筑和广场既构筑了小镇的空间结构，又通过空间的构筑塑造了人们的精神空间。广场的祭坛上每天都有公开弥撒，由于住房和商店都面向广场而建，因此居民和手工艺人不必走出家门或停下手中的活就可以听到弥撒。锡耶纳人生活中的重要事件都在广场上进行。广场作为公共空间既承载了聚集的向心性功能，又将空间的作用发挥得淋漓尽致，是非常经典的运用公共建筑构筑富有特色城市节点的手法。锡耶纳的建筑艺术和城市规划不仅影响了意大利，也影响了欧洲大部分地区（图3-8）。

图 3-8　意大利锡耶纳城市风貌
来源：Getty Images

维也纳——圈层式的风貌区结构

维也纳的城市规划从内城向外城依次展开，分为3层。内城即老城，这里街道狭窄，卵石铺路，纵横交错，两旁多为巴洛克式、哥特式和罗马式建筑，中世纪的圣斯特凡大教堂和双塔教堂的尖塔耸立蓝天，在高层建筑不多的城区显得格外醒目。围绕内城的内环城线，宽达50米，路边生长着各种树木，两旁有博物馆、市政厅、国会、大学和国家歌剧院等重要建筑。内环城线与外环城线之间是城市的中间层，以密集的商业区和住宅区为主，其间也有教堂、宫殿等建筑。外环城线的南面和东面是工业区，西面是别墅区、公园区、官殿等，一直延伸到森林的边缘。城市北面，多瑙河紧贴内城而流，在多瑙河与多瑙运河之间有一片岛状地带。

维也纳的居民区主要集中在空气质量较好的城市西部，而工业区则集中在城市东部，著名的维也纳森林从西、北、南三面环绕着城市，辽阔的东欧平原从东面与其相对，到处郁郁葱葱，生机勃勃，多瑙河从市区静静地流过。基于对空间尺度的把控，以及对历史建筑的保护和与自然生态的融合，形成了维也纳具有代表性的、由内至外圈层递进的典型街巷风貌（图3-9）。

内圈层风貌

中圈层风貌

外圈层风貌

图3-9　维也纳城市风貌
来源：Getty Images（上左、上右）；Soopx（下）

1.3　空间活力论

空间的活力有赖于居民的生产、生活等行为活动的集聚。城市规划学领域对活力的研究最早源自对以公共空间为代表的城市空间的探索和思考。杨·盖尔（Jan Gehl）

和简·雅各布斯（Jane Jacobs）均认为城市空间的活力源于处在其中的人以及其活力。活力空间往往具有功能混合、空间复合、尺度宜人等特点，与居民的生活习惯息息相关。用地布局适度混合，有利于各种地块功能之间的沟通与联系，增强城镇活力。居住街坊小城镇的慢行交通、公共设施、道路、绿地、水系等网络居住街坊系统宜采用复合化的建设模式，高效满足居民的日常生活需求。公共服务设施应合理配置，镇区人口在3万人以上的小城镇，宜设置镇区、基层社区两级公共服务设施体系；镇区人口少于3万人的小城镇，应至少配有完善的镇区级公共服务设施。镇区级公共服务设施应适度集聚，基层社区级公共设施应结合居住区布局。小城镇的产业发展要找准定位、挖掘特色，有机叠加文化、历史、旅游等资源，善用"互联网+"创新思维，营造创业创新环境，保持小城镇活力，带动镇域经济发展（图3-10）。

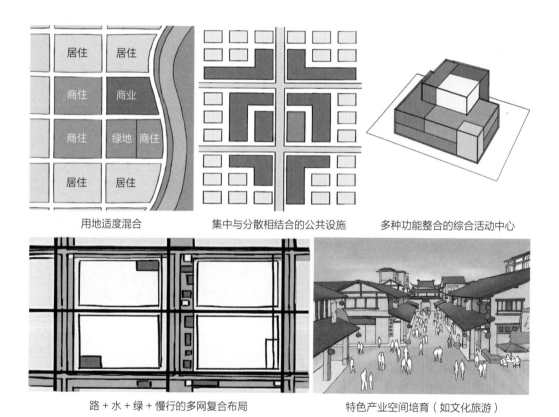

用地适度混合	集中与分散相结合的公共设施	多种功能整合的综合活动中心
路+水+绿+慢行的多网复合布局		特色产业空间培育（如文化旅游）

图3-10　活力空间风貌要素
来源：中国城市规划协会. 小城镇空间特色塑造指南：T/UPSC 0001-2018［S］. 2018.

⌐ **国外案例** ⌐

意大利威尼斯——公共广场形成城市客厅，注入空间活力

　　城市客厅是市民和来客共享休闲时光的场所，它把这个城市的历史、发展、未来、文化等都综合展现在某些特别的人文景观之上。威尼斯圣马可广场一直是威尼斯的政治、宗教和传统节日的公共活动中心。广场位于大运河入圣马可湖的左岸，由公爵府、圣马可大教堂、圣马可钟楼、新旧行政官邸大楼、连接两大楼的拿破仑翼大楼、圣马可大教堂的四角形钟楼和圣马可图书馆等建筑，同威尼斯大运河所围合而成。在威尼斯水城环境下的长期发展，广场形成了独具特色的空间形态，以适应广场功能、主体建筑、潟湖景观等条件。为了突出圣马可大教堂的主体地位，圣马可广场以及圣马可小广场均采用了梯形平面，大教堂位于梯形的宽边，入口位于窄边，以此突出广场的视觉中心点，构筑起威尼斯的特色空间结构，被拿破仑誉为"欧洲的城市客厅"（图3-11）。

　　历史上的圣马可广场有国王在这里举行各种仪式，有政治家在这里发表演说。广场不仅是城市的政治、文化活动中心，更是市民聚会、享受生活的地方。现代的公共广场文化不仅存在于群众性文化活动和节庆活动上，城市居民在广场上的各种自发的文娱、休闲活动，也无形中浸润着广场文化。城市客厅文化日益成为城市文化中最活跃的娱乐休闲方式，丰富多样的广场文化活动增添了城市的动感，彰显了地方的个性。

图 3-11　意大利威尼斯城市风貌
来源：Getty Images

1.4　美学色彩论

　　遵循建筑美学是风貌塑造和空间形象改良的重要原则。在现代物质形态研究时期，城市规划从依靠经验直觉转变为具有现代理性主义的实用性科学，即以环境整治的功能主义、城市景观塑造和艺术美学视角为主的空间形态研究，主要理论包括霍华德的"田园城市"、勒·柯布西耶的《明日之城》和赖特的"广亩城市"。1989年，威廉·威尔逊（Wilson William H.）在《城市美化运动》（*The City Beautiful Movement*）中对19世纪末至20世纪初之间进行的城市美化运动作了比较全面客观的评价，从中、微观角度探讨城市形态问题，如广场空间的形状、视线组织、建筑与街道等。城市美化运动的初期对城市形象的改良起到不可磨灭的作用。2012年，阿贝尔·埃尔沙特提出的建筑美学依然是新城市主义不可或缺的四大原则之一。

以法国为代表的欧洲国家对城市色彩风貌的相关研究比较成熟、全面，取得了丰硕的成果，为城市特色的延续、城市历史文化的研究提供了有益的支持。在亚洲国家中，日本对城市色彩尤其是色彩心理学方面的研究较为系统深入。城市色彩研究并非

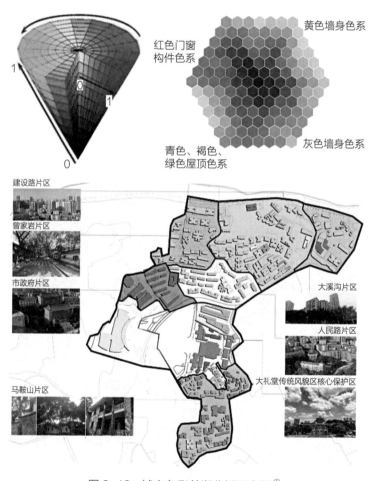

图3-12　城市色彩美学分析示意图①

---

① 左力，吴佳泽，刘志. 基于城市色彩景观的传统风貌区周边建成环境提升研究——以重庆市人民大礼堂片区为例［J］. 中国名城，2021，35（4）：57-65.

单纯从美学的角度来研究如何获取协调的视觉效果，更为重要的是研究面对全球化趋势，应如何通过色彩保护、延续地域文化，实现全球化与地域性共生的问题。城市色彩规划的原则包括视觉效果、心理效果以及色彩规划的操作过程3个方面（图3-12）。

国外案例

意大利威尼斯——彩色油画中的水城

威尼斯坐落于岛屿之上，四面环海，连天的碧海和蓝绿色的运河为人工色彩提供了绝佳的基底，如同打上了独特的底妆。建筑物色彩倒映在水面上，与自然的海天色进行融合，形成油画般浓郁、中国画般清透的独特艺术效果。第五立面是指相对于建筑的前、后、左、右四个立面而言的，把屋顶看作是建筑的另一个立面。从高处俯瞰，威尼斯城市第五立面的色彩十分统一协调，陶红色屋顶几乎覆盖了整个城市，其中点缀着大型公共建筑独具特色的白色穹顶。陶红色屋顶与湖蓝色海洋之间的色彩对比、融合，构成了威尼斯鸟瞰最基本的色彩意象，形成威尼斯独特的天际线。

威尼斯的建筑墙面以淡黄色、黄色、橙黄色、黄褐色、浅褐色、砖红色和紫红色等暖色系为主，而其中黄色、橙黄色、黄褐色略多，与紫红色形成互补关系，和谐而富有对比变化，其立面色彩谱系在色相环中处于黄色到紫红色的180度区域内，其中点缀着少量白色、乳白和灰白色的建筑，从而避免了色彩的沉闷单调。商业街区的广告招牌与遮阳棚在用色上只有蓝绿色和紫红色两类，无丝毫杂乱的感觉，并能与大面积暖色系的建筑形成对比和互补的关系（图3-13）。

总的来说，威尼斯的城市色彩在色调上以暖色为主，明度、彩度适中，既丰富又协调。街墙在色彩构成上以单体建筑为单位，水平向上展开拼贴变化，属欧洲典型的"水平拼贴式"构成。威尼斯冷色系的建筑较少，色彩丰富而不凌乱，和谐而不单调，是城市色彩中极具魅力的经典佳作。

图3-13　意大利威尼斯色彩塑造
来源：Getty Images（左）；500px（右）

希腊爱琴海——蓝白风情凝聚纯美海上天堂

湛蓝的海、湛蓝的天，连远方岛屿上民居的门窗也漆成一色的湛蓝，爱琴海被诗人荷马形容成"醇厚的酒的颜色"。希腊爱琴海诸岛有着纯净蓝白色系的绝妙组合，宛若将爱琴海打造成了一个纯净的人间天堂。因其独特的风格，爱琴海近年来也成了大家追捧的旅游胜地、婚纱照胜地。这种搭配并不刻意，蜿蜒街道上的白色栏杆，依山傍海、高低错落的白色房屋，蓝色屋顶上纯白的十字架，蓝色窗户中偶尔露出一角的白色窗纱，都显得自然而和谐。人们的目光能触及这种极致的蓝、纯粹的白，耳边听到远处飘来的几缕希腊音乐，希腊真正做到了海、天、建筑的完美融合（图3-14）。

图3-14　希腊爱琴海色彩塑造
来源：Getty Images

2
基于人类感知的城乡风貌评价理论

2.1　环境感知论

人通过感知建成环境形成城市空间形象。美国建筑城市规划系教授阿摩斯·拉普卜特（Amos Rapoport）在调查人们对城市建筑环境的反应，并对环境进行评估的时候发现，人们无论对环境所产生的一些或者总体的感觉问题，还是潜在的功能问题，都很受意象与观念的影响。城市空间形象虽然是人的体验，但它以形态为基础又是人文性的，是被人感知到的现实部分，它取决于观察者在三维形态性的城市空间中的位置及其自身的感知能力。因此，城市空间形象是对一个观察者可感知的、并依赖于其知觉可能性的城市物质部分。城市空间形象具有作为所有社会科学研究基础的主体相通性，对观察者的行为和反应来说，只有城市空间形象是自我的，它已成为一个直接被感知的质量，这个质量取决于通过空间环境要素及其相互关系引起的刺激总和，而这种刺激在很大程度上是可引起的，它取决于观察者的感知能力和感知时的感知条件和感知准备，特别是当众多观察者处于相同的位置、相同的感知条件、具备相同的感知能力及相同的感知准备时，客观环境的一部分以同样的方式被感知，就在城市空间形象上产生了主体相通性。人的知觉过程和城市空间形象产生的过程如下（图3-15）。

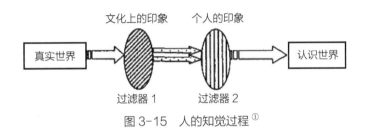

图 3-15 人的知觉过程 [①]

城市空间形象在视角之上涉及所有感觉。感觉尤其受到文化背景、个人选择条件等精神因素的影响。城市空间形象是与感知者的行为意图、感知能力和感知时刻等感知条件有关的、有效的环境因素的结构体。由于城市风貌特色与人们的建设发展理念和主导价值观念直接相关，城市风貌难以描述的特性使其不易为规划所控制，在城市建设中易被随意诠释[②]。因此，感知和评判城市风貌在风貌规划中显得尤为重要（图3-16）。

研究借用环境心理学中人对环境的心理加工过程，将空间感知框架分为"感觉""知觉""认知""行为"4个通用的层级。根据透镜模型的理论，客观环境与主观感知之间还有概率关系，用P表示四者相互之间存在的概率关系（图3-17）。

在评价指标上，不同类型的城市公共空间形态相异，因此具有不同感知维度的评价指标，包括统筹的公共空间层面，以及分项的广场绿地和街道等层面，其中代表性的评价指标如下（表3-2）。此外，现象学也是感知城市研究的重要组成部分，研究

---

① 王一睿，周庆华，杨晓丹，等. 城市公共空间感知的过程框架与评价体系研究［J］. 国际城市规划，2022，37（5）：80-89.

② 王建国. 城市风貌特色的维护、弘扬、完善和塑造［J］. 规划师，2007（8）：5-9.

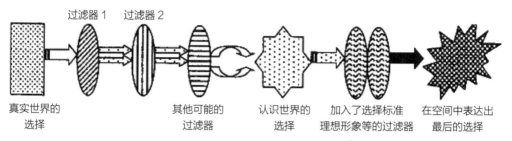

图 3-16　城市空间形象产生的过程 [①]

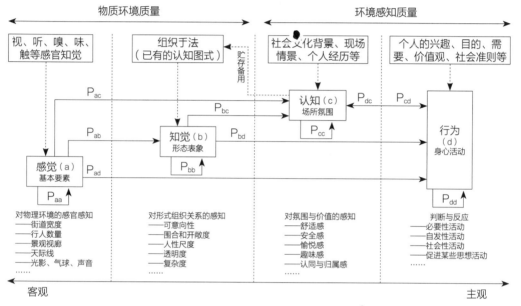

图 3-17　城市公共空间感知的过程框架 [①]

城市空间感知的指标集与类属 [①]　　　　表 3-2

一级指标	二级指标	举例
感觉属性（a）	城市要素	山水、地形、建筑、街道、广场、公园、植被、动物、天空、车等
	感官维度	视线、声音、触感、气味、颜色、亮度、材质、光影、纹理、轮廓等
知觉属性（b）	艺术审美	尺度与比例、围合与通透、节奏与韵律、对比与平衡、虚与实等
	感知品质	可意象性、易读性、透明度、复杂性、秩序性、可达性、连贯性等
	知觉体验	安全感、舒适感、包容性、便捷性、领域感、自然疗愈（恢复性）等
认知属性（c）	格调氛围	典雅、清新、崇高、拙朴、神圣、嘈杂、繁华、安静、温馨等
	情感体验	归属感、认同感、愉悦感（与唤醒度）、趣味感、神秘感、新奇感等
	文化意境	"林泉高致""桃花源境"等
行为属性（d）	思想活动	激发想象力、激发创造力、促进对人生的思考等
	身体活动	必要性活动、自发性活动、社会性活动等

① 王一睿，周庆华，杨晓丹，等. 城市公共空间感知的过程框架与评价体系研究［J］. 国际城市规划，2022，37（5）：80-89.

对象包括人们所看到、听到、触摸到、闻到、品尝到、感觉到的对象、事件、情景和体验等。因此，有必要从环境感知的 4 个过程对相关指标进行分类，从而形成系统的框架，避免感知指标含混不清。

/ 国外案例 /

荷兰——四季差异风貌突出季节感知

一年四季交替出现，季相的差异形成了不同的城市特色风貌。欧洲城市善于依托季节性变化的特色植被、气候景观等要素塑造不同季节的风貌，使人们形成对相同地方的差异化感知，如荷兰（图3-18）。

春季的荷兰，拥有欧洲大陆上最大最美的花海，花田遍地，各色球茎鲜花在风车前、河道边、小径上织成连天的花毯，形成花的海洋。荷兰是世界上最大的郁金香栽培国，荷兰人也擅长培育各种球茎花，如黄水仙、风信子、小苍兰、番红花等。每年的3月中旬至5月中旬正值郁金香花期，超过1000万株郁金香尽数开放，形成无尽的花海。

夏季的荷兰，是缤纷的，植被茂盛，风车转动。荷兰地势平坦，以自行车友好的基础设施而闻名，全国有32000多公里的自行车道。在荷兰的自行车游览中，很多东西可以被发现：从历史名城和黄金时代的艺术，到世界级的建筑和田园风光，并在骑行过程中获得灵感。自行车道像丝带一样装点着城市，构成荷兰夏天独特的城市风貌。除此之外，荷兰风车也是历史和文化的见证，在每年夏季7、8月的星期六下午，19座风车就会一起转动，场面甚是壮观。1997年，荷兰风车群被列入联合国教科文组织的《世界文化遗产名录》。

秋天的荷兰，成熟中带着新鲜，即使枯黄，也满是收获的气息。荷兰有很多公园和绿地，大片大片的树林，一到秋季就变得色彩缤纷，展示着如油画般的大自然。阳光倾泻而下，在斑驳的光影下，树叶或闪闪发光，或反射暖暖的光晕，动人至极。秋季的暖阳染红了枫叶，大片的枫林让人沉醉。荷兰秋天的树林闪烁着惹人喜爱的秋色，感动着所有生命。

冬季的荷兰，由于濒临北海，荷兰属于温带海洋性气候，所以尽管纬度很高，但冬天的气温相对温和。一到冬天，各国的灯光艺术家便来阿姆斯特丹展出作品，届时城市会焕然一新，教堂、楼房屋顶等很多地方都会安装上由艺术家专门设计的灯光来博得大家的眼球。冬日万物凋零，千里冰封，荷兰有长达250公里的海岸线，一旦有足够的降雪量，荷兰海岸的沙丘便会成为越野滑雪运动的绝佳场地，成了冬季海滩度假胜地。荷兰利用季节的特性，将冰雪变为荷兰冬季独特的外套，创造出独特的城市风貌。

春　　　　　　　　　　　　夏

秋　　　　　　　　　　　　冬

图 3-18　荷兰四季风貌

来源：Getty Images（左上、左下、右下）；刘杰 摄（右上）

2.2　城市意象论

人们对城市的认识通过对环境的观察形成。城市意象是美国人本主义城市规划理论家凯文·林奇（K. Lynch）于 20 世纪 60 年代提出的一种城市理论。它从环境意象和城市形态两个方面对城市形体环境的内涵进行了说明。该理论认为，人们对城市的认识并形成的意象，是通过对城市环境形态的观察来实现的。《城市意象》中指出，城市中最容易被大多数人所感知的空间形态五大要素是道路、边界、区域、节点和标志物。城市形体的各种要素是供人们识别城市的符号，人们通过对这些符号的观察而形成感觉，从而逐步认识城市本质（图 3-19、图 3-20）。

城市意象空间是由于周围环境对居民的影响，而使居民产生的对周围环境的直接或间接的经验认识空间，是人的大脑通过想象可以回忆出来的城市印象，也是居民头脑中的"主观环境"空间。可以说，城市意象是城市形态反映在人们心理上的投影。

PATH　　　NODE　　　LANDMARK　　　EDGE　　　DISTRICT
道路　　　节点　　　标志物　　　边界　　　区域

图 3-19　凯文·林奇提出的城市形态五大要素 [①]

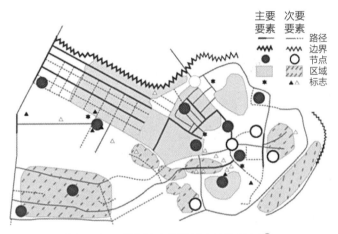

图 3-20　美国波士顿的城市意象地图 [①]

　　凯文·林奇提出的城市意象是跨时代的、反映社会文明发展程度各个阶段的理论，而具体到某一个城市，却又有着时间和空间的概念。评估城市意象重在研究人如何去感知、认识和评价城市环境，在城市意象营造的过程中，应该遵循社会发展阶段与所处的时代特征，在现代社会文明发展的社会背景条件下，突出对城市意象的营造。

2.3　场所精神论

　　人与环境特性互动并产生联系、认同和归属。挪威建筑理论家、建筑现象学代表人物诺伯格·舒尔茨（Norberg-Schulz）在《场所精神——迈向建筑现象学》中提出，场所不是抽象的地点，是由具有物质的本质、形态、质感及颜色的具体物所组成的一个整体。这些物的总和决定了一种"环境的特性"，即场所的本质。场所体验的中心

---

① 见凯文·林奇（K. Lynch）的《城市意象》。

是使活动其中的人感到在内的程度——安全而非暴露、舒适而非紧张、归属感而非漂泊感等。把个人连接到更大的环境与社会整体的建成结构中，常更容易产生一种在内的感觉，而这种感觉作为场所的主要特征，是通过认同和指认的作用来实现的。作为人感知场所的过程，认同意味着通过把生存与自然人类尺度的复杂性联系起来，赋予一种个人存在的含义，这种认同是使人产生归属感和安全感的条件之一；指认则意味着任何含义都可以体验成广泛时空秩序中的组成部分。通过场所的认同和指认，人和场所产生互动，这便是场所精神的实质（图 3-21）。

图 3-21　场所精神与罗马古城
来源：Getty Images（上）；上海影迹视觉设计有限公司（下）

以国内古城苏州为例，一千多年来，古城苏州虽几经兴衰，但基本保存了历史的格局。其中，地域原生性文化"吴文化"的发展基本上没有中断过。吴文化的内容已经与很多事物建立起了非常明确的指代关系。而这些事物，无论是具体的物质，还是符号或颜色，或是抽象的肌理特征，都成为吴文化不可分割的重要组成部分。吴文化延续至今，使古城的风貌显现出清晰的地域文脉特征，也使人们能从古城千年来不曾遗失的基本格局和文化脉络中产生归属感，感受鲜明的城市风貌特征（图3-22）。

图 3-22 场所精神与江苏苏州古城
来源：张光科 摄

/ 国外案例 /

巴塞罗那——建筑艺术及文化传承凝聚城市精神

巴塞罗那因其丰富多彩的特色建筑，于1999年获得英国皇家建筑师学会的皇家建筑金奖，这是该奖项迄今为止唯一一次颁发给一个城市而非单个建筑。巴塞罗那的众多建筑造就了其独特的氛围感，热闹的红色街坊组合成理性的城市布局。网格化街道中高迪的建筑让城市流动起来，也使场地凝聚了地域精神。高迪设计的圣家族大教堂始建于1882年，虽然是件未完成的建筑，但在西班牙乃至世界建筑界里一直是享有盛名的艺术珍品。整个教堂共计18座高塔，中央170米高那座代表耶稣基督，其周围环绕4座130米、代表4位福音传道者的大塔楼，北面的一座后塔有140米高，代表着圣母玛利亚。其余12座塔分别置于各立面，代表耶稣的十二门徒，各有100米高。高迪的建筑给巴塞罗那这座城市注入了艺术生命力，宗教文化的传承与现代生活的融合传达着城市的多元化精神，铸就了巴塞罗那的别致景观和独特风格（图3-23）。

图 3-23 西班牙巴塞罗那城市风貌
来源：Getty Images

2.4　城市记忆论

集体与场所关系的记忆和历史价值体现风貌特色。集体记忆与个人记忆有区别，是在一个群体里或现代社会中人们所共享、传承以及一起建构的事或物，最初是社会心理学研究的一种概念，由法国社会学家莫里斯·哈布瓦赫（Maurice Halbwachs）在1925年首次完整地提出。一个"记忆的场所"不论它是物质或非物质的，都是由于人们的意愿或者时代的洗礼而变成一个群体记忆遗产中标志性的元素。1966年，意大利建筑师阿尔多·罗西（Aldo Rossi）的《城市建筑学》探究了城市自身的内在逻辑与形成发展，指出城市记忆即集体与场所关系的历史价值，能够帮助建筑师与规划师掌握城市的风貌特色以及表现具有城市风貌特色的建筑。城乡风貌与群体记忆、历史遗产和文化景观存在着重叠而又繁杂的关系（图3-24～图3-26）。

图 3-24　纪念碑与现代空间示意
来源：朱露翔 摄

图 3-25　上海"东斯文里"里弄空间
来源：李培 摄

图 3-26　湖州衣裳街
来源：林春芳 摄

/ 国外案例 /

德国新天鹅堡——融合新旧基因

德国新天鹅堡建于1869年，是德国的旅游名片，也是迪士尼乐园中经典城堡的原型。巴伐利亚国王路德维希二世亲自参与设计这座城堡，梦想将新天鹅堡打造成童话般的世界。城堡因拥有大量天鹅雕塑而得名。每年9月，城堡歌剧大厅会举行为期一周的宫廷音乐会，人们可以切身感受王室生活的典雅和浪漫。新天鹅堡的外形很独特，激发了许多现代童话城堡的灵感，它是迪士尼城堡的原型，也有人称其为白雪公主城堡。白色城堡耸立在高高的山上，四周环山面湖。新天鹅堡将建筑遗产与流行元素相结合，巧妙地融入人们的生活当中，赋予建筑遗产新的生机，将建筑遗产和现代流行元素进行有机融合（图3-27）。

图 3-27 新天鹅堡风貌
来源：刘杰 摄（左）；Aflo（右）

3

基于治理过程的城乡风貌演进理论

3.1 城乡治理论

1989 年，世界银行在概括当时非洲的情形时首次使用了"治理危机"（crisis in governance），此后"治理"一词便被广泛地用于国际、国家、城市、社区等各个层次需要进行多种力量协调平衡的问题之中。治理的概念在西方（包括城市）公共事务管理中的频繁使用始于 20 世纪 80 年代。城乡治理包括城市尺度和乡村尺度，不仅涉及政策、机构等，也包含气候变化、生态系统服务等自然领域，更是政府与市民 / 社会、公共部门与私营机构的互动过程。

规范完善的政策体系。①德国自上而下的管控机制。德国的《建设法典》规定，风貌规划由规划部门组织编制，再报议会审批，并形成法定的风貌条例；德国在 20 世纪 70 年代实施城市风貌规划，在落实控制性详细规划和修建性详细规划关于建设强度、高度等控制要求的基础上，对街巷及建筑立面细部提出更深入的控制要求。②日本自下而上的申报机制。2004 年，日本实施《景观法》，从景观规划、协议、管理机构等方面有效管理和控制城乡风貌。日本的都、道、府、县、政令市以及核心城市可以设立城乡风貌行政主管部门，经都、道、府、县等上级政府批准的市町村也可以设置城乡风貌行政主管部门，体现出组织体系扁平化的特点；自下而上的弹性管理通过申报审查制度、开发建设管理机制（申报通知制度、事前协议制度和处罚制度）具体落实（图 3-28）。③法国风貌管控的特色之一是专业决策制度的管理策略，如

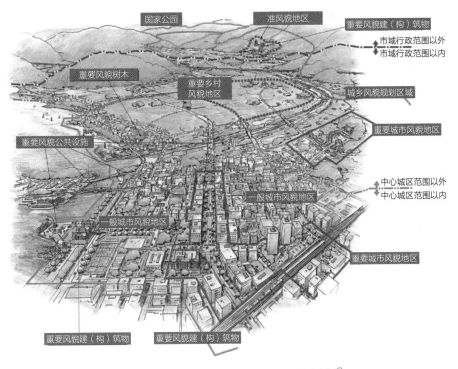

图 3-28 日本城乡风貌规划特征区域划分 [1]

---

[1] 周广坤，卓健. 更新背景下城乡风貌规划与治理机制研究——以日本实践为例 [J]. 城市规划，2021，45（11）：96-107.

"国家建筑与规划师"制度，由国家向地方派驻获得"国家建筑与规划师"资格的专业人员，与地方城市规划行政主管部门共同实施针对各类历史遗产的城市规划行政管理，重点负责审查与历史遗产相关的项目设计方案，以保证城市面貌和城市功能的协调发展。

权责分明的组织架构。①美国区域间的协调规划。美国的"区划法"保障了城市设计能够按照城市规划来实施，治理路径为：州立法→区域规划委员会规划→多方资助→实施管理，美国审批程序是将城市设计成果的应用制度化，促进城市设计与建筑设计的协调互动，城市设计导则属于区划法的一部分，保证了城市风貌以及设计实施之间刚性和弹性相结合。②法国的多方参与合作。巴黎现行的城市规划编制主要包括3种类型：作为规范性城市规划的《巴黎地方城市规划》、作为修建性城市规划的《历史保护区保护与利用规划》和《协议开发区规划》，主要针对发生在其中任何地块上的建设行为，包括修复、维护、改建、扩建、新建、拆除以及调整土地利用等，提供城市规划管理的法定依据，以全面保护、有机整治历史保护区。法国和日本将景观风貌的公益性作为管理的法理基础，强调景观风貌为全民"资产"，并将风貌管控作为评价社会、经济、文化建设的一个重要指标。

法律规章和价值准则指引。景观价值的社会共识影响着城市景观治理理念，如第一个将景观作为规范对象的国际公约《欧洲景观公约》(*Europe Landscape Convention*)将"景观"的概念从学术文本转化为欧洲各国认可的国际法规，成功地将科学知识转化为行为规范和治理导则。该公约通过建立一系列的行动准则与框架，提出对所有景观进行规划、保护与管理的一般程序与逻辑，以组织欧洲各国在自身的政治体制框架下管理风景园林事务。《欧洲景观公约》的签订使景观特征评估（Landscape Character Assessment，LCA）作为一种政策工具上升到整个欧洲层面，促使景观的"特征识别"与"价值评估"融入城乡规划与历史建筑保护。LCA方法始于英国，从20世纪90年代发展至今已获得了较高的国际认可度。虽然我国还未广泛将LCA应用于项目实践，但是景观特征（景观中可识别的独特且形态一致的要素）及景观特征区（拥有特定景观类型的离散地理区域）等相关概念在规划研究和实践中备受关注（图3-29）。

活力融合的市场力量。①美国市场主体的推动起到举足轻重的作用。美国的城乡风貌规划与治理是建立在工业革命和城市人口集聚的基础上，更多依靠市场经济主体的推动以及私人企业的投资，而非政府主导的大规模基础设施建设；美国不同区域各

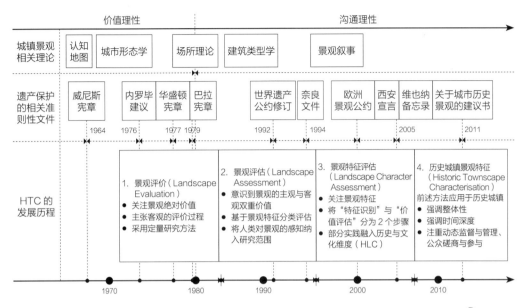

图 3-29　城镇历史景观特征评估（HTC）的相关理论、准则性文件及发展历程 [①]

具特色的城镇风貌与各地区的经济发展状况密切相关，如在集中了第三产业的纽约、洛杉矶等大都市边缘地区就形成了有别于大都市的特色城镇风貌。[②]英国的风貌治理与建设理念，既要与时俱进、满足当代人的生活需求，又要与历史传统文化一脉相承；英国注重文化传承，充分挖掘国内文化的历史基因、红色基因和时代基因，严格保护历史文化遗产资源，在低影响开发的前提下做好功能及业态的植入，体现了文化自信。

积极有效的公众参与。在社会公众参与方面，日本建立了城乡风貌协议制度以应对高度城镇化区域的风貌规划与治理，鼓励更大范围、更加灵活、更深层次的公众参与。在该协议制度下，土地的使用者或持有者可以根据该区域的具体情况，通过制定法定协议的方式对区域内的风貌要素进行详细而个性的安排，将风貌规划理念与当地人们的实际情况相结合，并用法律的形式去保证基层层面规划的实施。

---

① 李和平，杨宁. 城市历史景观的管理工具——城镇历史景观特征评估方法研究［J］. 中国园林，2019（5）.

特色城乡风貌的治理与建设理念，既要与时俱进、满足当代人的生活需求，又要与历史传统文化一脉相承。西方发达国家的景观风貌管控、城市设计在法律地位、编制方法、新理论应用、管理手段等方面都有比较成熟的经验，已逐渐进入精细化管理阶段。例如，德国在小城镇建设中注重"人本主义"，政府将具有 200 年以上的建筑列入保护范围，非常注重保护原有的艺术空间和老街的空间形态，并按时拨专款对老街区和古建筑群进行修缮；日本的小城镇建设中提出"一村一品"模式，日本政府对保护和传承民族传统历史文化尤为重视，注重保护文物、民间节日，并倡导民众提升传统文化的保护意识（表 3-3）。

主要国家风貌建设的治理路径特色与策略总结[1] 　　　　表 3-3

国家	治理路径示意图	治理策略
日本	都、道、府、县、政令市以及核心市设立城乡风貌行政主管部门 →（经批准）市町村设置城乡风貌行政主管部门：负责制定、修改城乡风貌规划，制定风貌开发建设管理要求。设立"城乡风貌维护机构"并监管；设立"城乡风貌委员会"，组织专家审查；设立"城乡风貌协调委员会"，提供技术支持和部门协调	①完善的政策保障体系（技术、税务、财政保障）②开发建设管理机制，申报通知制度 ③风貌认证与保护机制 ④公众参与机制（城乡风貌协议制度）
美国	州立法授权 → 区域规划委员会 → 实施相关的城市规划行政管理；联邦基金、州政府、私人资助	①市场经济推动 ②将城市设计成果的应用制度化 ③重视区域间的协调规划 ④公众参与机制，提高全过程的公众参与度
德国	规划部门组织编制的风貌规划，编制的参与者包括规划师、建筑师、法官、行政官员、文保专家等 → 议会审批 → 形成法定风貌规划 → 实施相关的城市规划行政管理	①将规划项目的主要内容公之于众，接受市民监督 ②邀请专业人士组成专家团开展审查 ③邀请管理部门共同参与审查
法国	中央政府 →（派驻）"国家建筑与规划师"专业人员；与地方城市规划行政主管部门合作 → 实施相关的城市规划及风貌管理	①保护导向的城市规划编制，精细化的城市规划管理 ②广泛的社会共识，严格的行政管理 ③有效的专业参与，国家建筑师制度

① 王安琪，李睿杰，李凯克，等. 国内外城乡风貌管控体系与治理路径的比较研究 [J]. 规划师，2022，38（12）：113-118.

/ **国外案例** /

意大利——日常居住区动态更新激发新的活力

人们日常生活居住的社区的空间及功能需要动态更新活化，以激发新的活力，满足人们的需求变化。国外社区更新建设较早，已经构建了成熟的制度与模式。意大利中部的托斯卡尼尼（Toscanini）社区于20世纪90年代建成，面临设施缺乏、环境萧条、居民疏离等问题。用开放和包容的关系设计场所，塑造承载和促进居民交流的"场所"，增强空间活力和居民归属感。

增强开放与包容场地的可达性。托斯卡尼尼是一处建于20世纪90年代的社会住房区域，由于该社区基础设施的缺失，因此日益严重的物质与社会经济问题凸显。随着时间的推移，该社区逐渐被城市规划所忽视，小型犯罪事件频发，非法占有房屋的情况也时有发生，催生了民众的被遗弃感与不安全感，使得这里成为城市规划失败的象征。更新设计任务是塑造一个能够承载与促进社区实现良好转化的场所，同时能提升场地特色。设计意象最初围绕两个基本方面展开：一是增强场地可达性，弥合初始的距离感，代以开放与包容的场地关系；二是布置自由空间，以方便集体使用或进行各类尝试，鼓励居民调用空间，从而让社区看到新的可能性。"开放"的场地供居民在此集思广益，体现出可达性、可见性、可供居民充分沟通交流的特点，让居民参与到转型过程中来，从而共同促进社区功能的实现。

功能的延伸、植入与连接。在广场之外，建筑的介入延伸至欧罗巴公园，该公园是一处占地35000平方米的绿色区域。经由规划设计，未充分利用的区域承担起露天教室与集体托儿所的功能。通过重新定义与完善穿越公园的车行道与人行道，该项目也将社区内的公共空间整合成了完整的体系。

/ **国外案例** /

纽约——废弃设施的再利用活化

纽约高线公园是一个位于纽约曼哈顿城西侧的线型空中花园，是城市废弃设施再利用的经典案例。这种将高架铁路的遗址改造成公园的项目，在美国历史上是前所未有的。纽约高线公园作为城市绿道，在生态、游憩和社会文化三大功能的建设上体现了对城市历史的尊重、对市民意愿和城市记忆的尊重，以及对场地结构特性的尊重。改造后，人们可以在高线上欣赏对岸新泽西州的轮廓线、哈德逊河的日落、纽约一侧54号码头的美景等，也可以在木躺椅区尽情享受日光浴，还可以隔着落地玻璃窗欣赏第十大道车水马龙的景致。2005年，纽约市对高线周边地区进行了重新分区，鼓励开发的同时也保留了社区的特色，使高线区成为纽约市增长最快、最有活力的社区。建筑史迹被改建成充满创意的公园，不仅提供市民更多户外休闲空间，更创造了就业机会和经济利益（图3-30）。

图 3-30　美国纽约高线公园改造案例
来源：Getty Images（左）；Corbis（右）

3.2　城市基因论

城乡风貌差异的形成是不同风貌基因的选择性表达。在生物学中，基因是有遗传效应的 DNA 片段，不同的基因控制生物体不同方面的遗传性状。城市基因（urban gene）是指代表城市特色和记录城市发展面貌的个体元素。在对城乡风貌的研究过程中发现，城乡风貌也是由一组因子控制形成的，即城乡风貌基因。同种城乡风貌类型区域的城乡风貌基因相同，控制城乡风貌同一方面特征的基因也相互对应。城乡风貌基因的选择性表达带来了城乡同一类型风貌区域某一方面特性的不同。目前，学术界对于城乡风貌基因的研究集中在历史街区与城乡形态方面，比较关注历史文化层面的基因识别引导。城乡风貌基因是城市基因的一个重要组成部分，存在基因的遗传与变异的特性，目前的研究主要集中在城市形态基因、景观基因以及文化基因方面（图3-31）。

形态基因（morphogenesis）来源于以德国的斯卢特为代表的关于城市形态方面的

研究。20 世纪 60 年代，英国康泽恩的研究推动了城市形态基因理论的发展，并在其代表作《城镇平面格局分析：诺森伯兰郡安尼克案例研究》中多次提及这一概念。此后，J.W.R.Whitehand（杰里米·怀特汉德）将城市形态基因的研究推向新的高潮，并将研究分为 3 个方面：城市形态基因研究、城市形态基因和城市经济地理学的关系研究，以及城市景观发展的动因研究。

景观基因（landscape gene）起源于地理学，最初指气候、地貌、生物各种成分的综合体和镶嵌体，之后其内涵在主观与客观、时间与空间等维度的扩展，融合了地域综合体和人类体验的主客观整体性。《欧洲风景公约》提出，景观是由人们感知的，其特征是由人文、自然因素以及它们相互作用产生的结果。

文化基因（cultural gene）是控制城市风貌系统犹如一个生命体一般发生、发展、更新、消亡等的内在文化动力，犹如生命内核一般支撑着系统行为的进行。20 世纪 50 年代，美国人类学家阿尔弗雷德·克洛依伯（Alfred Kroeber）和克莱德·克拉克洪（Clyde Kluckhohn）已经开始构想"文化基因"的存在。英国生物学家和行为生态学

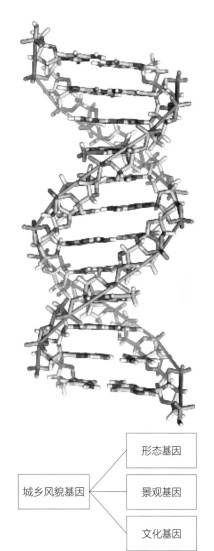

图 3-31　城乡风貌基因的组成部分

家 R. 道金斯（Richard Dawins）在 1976 年出版的《自私的基因》中创造了一个与生物遗传基因（gene）相对应的关于"文化复制"的词汇，这是"文化基因"表述的主要源头。在城市风貌演变中占主导地位的文化内容称为"文化核"。"文化核"是文化中的典型，即作为文化中的"精神、思想、理念和成见"等且具有一定影响力的文化中其他具体内容，如建筑艺术、文学、科技教育、宗教、社会生活等的那部分核心内容。"文化核"的规定影响着文化具体内容的呈现方式和文化倾向。在城市风貌的形成中，也正是这种相关的、具有规定性的内容才是风貌中"风"的主要内容。

基因理论融入在地性城市设计。我国对于城市基因理论的研究聚焦于"空间基

因"概念，强调空间特征从普适性到在地性的转变，由段进院士团队提出并应用于地方规划实践。与形态学强调归纳类型的普适性不同，空间基因的研究在地域性研究的基础上更关注具体城市的个体差异，期望探讨具体的空间为什么不同，这种不同背后的在地性原因是什么。在空间基因解析的基础上，针对各个基因面临的问题和发展潜力进行分析（基因的空间构成要素及其组合方式在建成环境中和未来的城市建设拓展中，是否存在或面临受损的情况，是否具有传承发展下去的可能），为规划靶向导控措施的制定提供依据（图3-32、图3-33）。

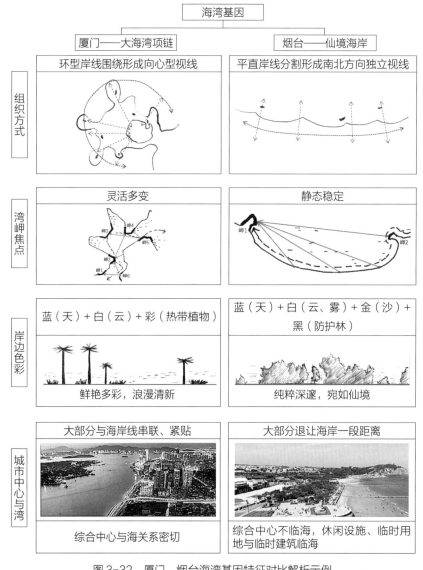

图 3-32　厦门、烟台海湾基因特征对比解析示例

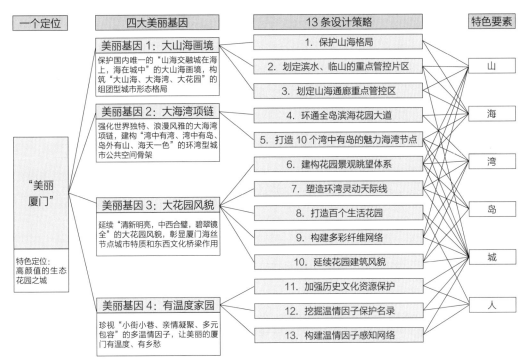

图 3-33 　"美丽厦门"的 4 个空间基因及 13 个靶向抓手（设计策略）①

3.3　拼贴城市论

拼贴各矛盾对立的要素，实现协调统一的方式。"拼贴城市"是美国建筑学者柯林·罗（Colin Rowe）于 1978 年提出的理论。他对现代主义乌托邦建城思想进行批判与反思，将城市视为一个多要素、多层次彼此联系、相互作用的动态实体，以"拼贴"来实现各矛盾对立的协调统一，连接城市割断的历史，满足城市的多元混合与动态发展需求。在运用"拼贴城市"理论进行城市风貌更新重构的过程中，精准掌握建筑风貌"基因"，利用现代建筑材料、形式改善建筑环境。此外，积极引导多样业态功能的融合发展，组织城市事件与传统活动，以"拼贴"的手法进行新旧建筑、空间的关系处理，通过空间肌理、立面景观、记忆场景的重组整合，改善街区风貌，提升空间活力，保证街区环境的创意活化与持续再生。

---

① 邵润青，段进，姜莹，等. 空间基因：推动总体城市设计在地性的新方法［J］. 规划师，2020，
36（11）：33-39.

/ 国外案例 /

日本——艺术介入城乡景观，植入场景活化低效空间

日本"越后妻有"位于日本本岛中北部，是日本典型的老年化乡村区域。1996年开始，新潟县制定了《新潟佐藤庄新计划》，提出了举办越后妻有艺术三年展（又称"大地艺术祭"）。大地艺术祭自2000年开始，以农田为舞台，试图探讨地域文化的传承与发展，重振日益衰败的农业地区，建立社区持续更新的模式。组委会从全球招募艺术家进入社区展开田野调查，与村民共同创作。艺术作品被放置在村庄、田地、空屋、废弃的学校等地方展示，融合了当地的习俗和文化遗产。大地艺术祭引来大量游客，与艺术祭相关的业态随之兴起，带动了当地旅游、餐饮、教育等行业的发展。越后妻有地区在艺术家、村民、政府等多方主体的协作下，逐渐恢复活力，朝着良性循环的方向发展（图3-34）。

图3-34 日本"越后妻有"乡村风貌
来源：Getty Images

3.4 系统生成论

城市风貌是一个复杂的系统。作为一种世界观和方法论，系统生成论主要来源于系统科学和复杂网络理论等理论和学科群。南京大学哲学系教授李曙华构建的生成论科学体系认为，任何系统都不是既存的，也不是某个外在力量给定的，而是有起源的，是从无到有地生成的。城市风貌生成论的构建，实际上是以生成性思维逻辑对城市风貌系统加以考察的过程，它既是对生成整体论的演绎，也是对城市风貌系统复杂特征的归纳和总结，最终揭示城市风貌系统的生成和演化规律（图3-35）。

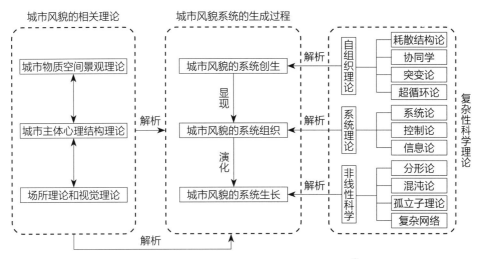

图 3-35　城乡风貌生成过程及解析框架 [①]

系统由集体愿景生成，于动态自组织过程中生长。风貌复杂系统的生成起点（即生成元）可以描绘为一种城市集体的愿景和目标，一种共同向往的生活方式，一种类似"想法"或"概念"的"文化图式"，即符号式的信息；而城市风貌复杂系统的生成过程则呈现为不可逆的自组织过程，表现为从系统创生—系统组织—系统生长不同阶段的持续、动态地推进，可以概括为"显现"和"演化"两个不同层级的跃迁。结合城市风貌复杂系统的特征，分别运用复杂性科学的自组织理论、系统理论及非线性科学来解析城市风貌系统的创生、组织、生长三个不同阶段的生成轨迹。同时，运用城市空间组成与结构理论、城市意象与场所理论、建成环境意义理论以及建筑模式语言理论来解析城市风貌内涵与现象，从而揭示城市风貌系统的生成和演化规律。

风貌的系统生成遵循"形态延续"和"有序演进"规律。"形态延续"指大部分城市都是基于过去发展阶段、通过长时间积累的产物，而城市形态与空间格局在发展过程中表现出一定的稳定性，构成城市风貌的本底与依托背景，是城市风貌时空性与地域性的集中体现。"有序演进"是对城市动态发展本质的认识，城市风貌的塑造既是对历史与传统的继承，也要正确面对建成现状与未来需求。

① 杨昌新. 从"潜存"到"显现"——城市风貌特色的生成机制研究 [D]. 重庆：重庆大学，2016.

4

风貌整治提升理论框架总结

4.1 风貌整治提升理论框架

城乡风貌的整治提升应遵循"以人为本"的原则，从人的感知出发，通过空间维度的要素优化组合和时间维度的过程演进与治理优化，改善空间特征，提升风貌特色与品质。基于对相关理论的理解和总结，构建基于"时间—空间—人"的风貌整治提升的理论框架，风貌提升离不开建设过程的优化、评价标准的改进，以及特征指标的重构。

要实现风貌整治提升，需要回答以下 3 个问题：什么样的制度可以形成好的风貌（管理体系）？什么样的风貌是好的（标准体系）？如何通过空间规划设计实现好的风貌建设（实践体系）？

浙江省将"整体大美、浙江气质"作为城乡风貌建设的总目标，打造了一批城乡风貌样板区以及新时代"富春山居图"，风貌整治提升工作初见成效。浙江省城乡风貌建设构建的**动态高效的管理体系、以人为本的标准体系、空间为基的实践体系**，与本章基于理论梳理及国际经验提出的"时间—空间—人"风貌整治提升理论框架一脉相承（图 3-36）。可见，浙江省已经初步探索出了一套"言之有据、行之有效"的

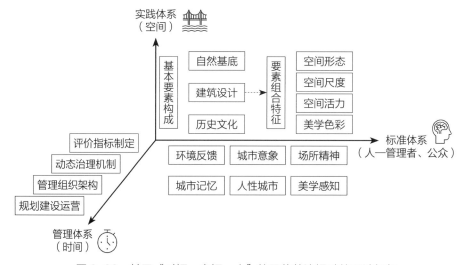

图 3-36 基于"时间—空间—人"的风貌整治提升的理论框架

城乡风貌整治提升框架和共同富裕现代化基本单元的建设路径。

4.2　动态高效的管理体系

　　风貌的全周期规划、设计、建设、运维、管理和动态更新的过程及效果对应了"什么样的制度可以形成好的风貌"这一问题，其核心在于如何将风貌塑造过程制度化，以保障空间特征的指标落地及长效实施。城市风貌规划是城市规划体系的重要组成部分，特色城乡风貌的规划和建设需要遵循系统生成的"形态延续"和"有序演进"的规律，并加强法律规章和价值准则的指引。规划设计可以将城市形态基因、景观基因以及文化基因特征融入在地性城市设计策略，关注具体的空间差异及其背后的在地性原因，分析各个基因面临的问题和发展潜力，完善规划设计方案，提升风貌品质及特色。在存量开发的背景下，需要进一步完善城乡风貌的更新机制，并将空间风貌品质的相关规划指标动态地纳入强制性规划内容，促进风貌品质的不断提升。

　　特色城乡风貌建设离不开有效的治理过程和规划策略。城乡风貌规划与治理的建构逻辑和运作机制的不断完善，需要对城乡风貌规划与治理的发展历程、建构逻辑、运作机制和实施成效等方面进行综合分析，尤其是在现阶段我国城乡更新的背景下，动态治理机制的完善更为重要。国外治理机制对我国城乡风貌治理具有借鉴意义，如基于对日本治理机制的研究，提出探索城乡风貌公共产权确立途径、建构城乡风貌建设管理机制、明确城乡风貌规划内容与构成要素、推进基层社区风貌治理机制创新等针对性的建议。

　　我国城市发展从增量扩张阶段向存量发展阶段转型，在增存并举的时代下，风貌塑造既离不开城市设计规划体系的中长期引导，又要兼顾城乡社区更新的动态整治。当下再开发方式的选择，开始更多地考虑满足老百姓对公共配套设施的完善、公共空间环境提升的需求等社会效益，以及历史文化保护、风貌特色传承等文化效益，通过利益相关主体的共同参与、多方协调、多元合作，形成更新实施方案；通过发挥历史住区和老旧住房所代表的城市文化及其积极作用，使城市风貌特征成为一定场所和定居在此的人之间的社会精神。但是，现行的风貌管控体系及治理路径仍以自上而下的规划和治理为主（图3-37），缺少弹性空间和对地方特色差异的挖掘。

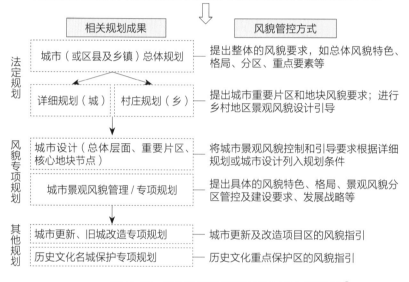

图 3-37　我国现行风貌管控体系及治理路径 ①

　　通过开展国内外城乡风貌管控体系及典型案例比较，可以发现国内外制度体系和建设效果的差异。对于风貌的管控和治理，既需要自上而下的制度保障和严格的建筑及历史遗产保护，又需要自下而上的创新治理、包容设计及高效运营。正如地貌特征是由地球内部力量引起的地质作用与地球外部产生的动力相互作用而形成的，风貌特色的形成也是"内外营力"相互作用的结果。法律法规和风貌治理是风貌塑造的"外营力"，地方历史遗产和现代化生活需求是风貌塑造的"内营力"。与部分发达国家

---

① 王安琪，李睿杰，李凯克，等. 国内外城乡风貌管控体系与治理路径的比较研究 [J]. 规划师，2022，38（12）：113-118.

不同，我国地域辽阔，区域差异显著，更需要关注共性与个性的协调，既保证需要保护的历史风貌要素，又要体现地域特色和城市风格。千篇一律的城市风貌和以自然景观特色为主的城市风貌，体现了人文特色风貌的不鲜明以及对特色文化挖掘的不足。

浙江省风貌建设注重不同地区风貌的明显差异和文化的鲜明特色，尊重各地的自然、历史及文化基因内涵，不同城市的风貌塑造充分挖掘自身"内营力"特色和产业升级、品质提升、价值活化等风貌建设需求，结合管控与治理的"外营力"，不断迭代完善工作推进机制，推动风貌品质的动态整治提升（图3-38）。

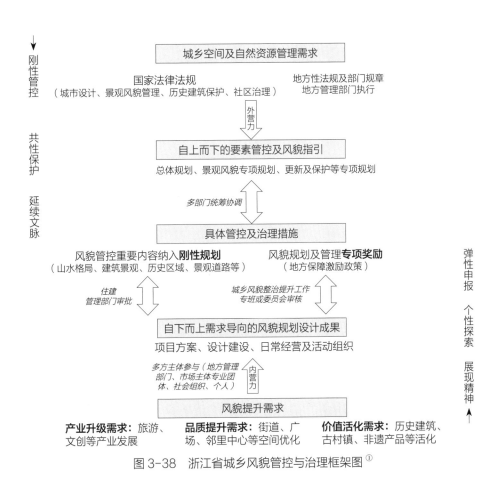

图 3-38　浙江省城乡风貌管控与治理框架图 ①

① 王安琪，李睿杰，李凯克，等. 国内外城乡风貌管控体系与治理路径的比较研究［J］. 规划师，2022，38（12）：113-118.

4.3 以人为本的标准体系

风貌建设的标准体系对应了"什么样的风貌是好的"这一问题，其核心在于如何引导整个社会，尤其是决策者对于风貌的重要性及品质标准达成普遍共识。英、美、澳等国家大多从景观特色的角度评价风貌特征，强调景观特征是人文、自然因素以及它们相互作用产生的结果。虽然各国在政策实施中有所差别，但各国的景观特征评估大多遵循以下5点原则：①景观是无处不在的，所有的景观都拥有自己的特征；②景观可存在于任意尺度；③景观特征评估要以人为本，在评估过程中应注重人对景观的感知和体验；④景观特征评估旨在为相关的决策和工程应用提供基础依据；⑤景观特征评估提供了一个由大量的变量整合而成的独特景观空间框架。景观是人与自然交融的产物，景观特征评估以及风貌治理的每个环节都要注重人的感受，强调人的参与和感知、空间意象的营建、场所精神的传承和凝聚、城市记忆的保护等（表3-4）。

英国景观特征评估的内容构成 ①　　　　　　表3-4

自然要素	文化／社会因素	文化关联	感官和美学因素
a）地貌 b）水文 c）空气与气候 d）土壤 e）土地覆盖／动植物	a）土地利用（管理） b）居民区 c）圈内用地 d）土地所有权 e）时间深度	艺术、文学、描述性著作、音乐、神话、传说或民俗、人、事件和协会（通过书面材料研究获得）	a）记忆、联想（由利益相关者提供） b）认知（某些美学描述，如荒凉、偏远、宁静） c）触觉、嗅觉、听觉、视觉（主要通过田野调查确定）

浙江省人民政府充分认识到，要准确地发现美、选择美是个大学问，一个地方的风貌水准，无论规划、设计、建设、运营、治理的贯通，还是产、城、人、文、景的融合，很大程度上取决于管理者的美学水准以及如何将人民群众的美学感知融入标准体系中。例如，建筑是地域风貌中最核心的载体，建筑"违和"与否，折射出干部对美的敏感与否；又如，从城市天际线到乡间农房，都是对自然山水与人文精神的综合把握。因此，浙江省将美学素养纳入干部为政素养的标配内容，促使打造城乡风貌样板区成为全省上下不断强化美的自觉过程，在城乡建设过程中加强对自然要素、社会

---

① 陶彦利，奚雪松，祝明建. 欧洲景观特征评估（LCA）方法及其对中国的启示［J］. 中国园林，2018，34（8）：107-112.

因素、文化因素的关联，以及感官和美学因素的统筹考量和评判，不断尝试建立一种让大家共同参与、共同评判"美不美"的机制，并制定了《浙江省城乡风貌样板区建设评价办法（试行）》《浙江省城乡风貌整治提升行动实施方案》《美丽廊道整治提升策略指引》等一系列标准体系和引导性文件，助力风貌建设的科学决策。

4.4　空间为基的实践体系

风貌建设的实践体系对应了"如何通过空间规划设计实现好的风貌建设"这一问题，其核心在于如何将主观期望的风貌转化为客观的空间要素特征并落地见效。空间要素的构建需要基于跨学科系统框架，以及气候学、地质学、地貌和地形学、水文学、土壤学、自然植被学、动物学、人文地理、景观格局、社会学、文化学、历史学、艺术学等相关知识，充分尊重风貌要素的客观规律性，积极发挥风貌创造的主观能动性，整合协调自然、历史、人文、人工等要素，塑造空间的形态、尺度、色彩、活力等属性及形象特征，满足人的感知需求，最终提升人与空间互动的舒适感、安全感、愉悦感、趣味感、认同感和归属感（图3-39）。

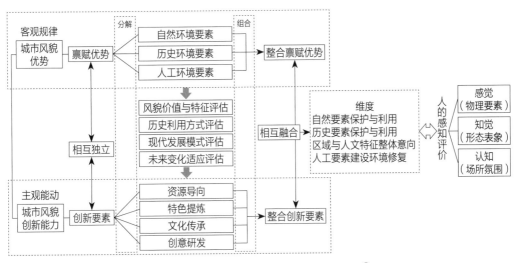

图 3-39　风貌规划要素利用分析框架图[1]

---

① 杨鸿涛. 全周期管理理念下城市风貌管控策略研究［D］. 合肥：安徽建筑大学，2023.

浙江省以城市风貌样板区建设为牵引，由点及面，加快推动专项整治行动。2021年以来，浙江每年完成一批城乡风貌整治提升重点项目，逐步由试点示范专项整治向全面提升不断迈进。全省将在深化风貌整治提升的实践中，进一步关注基础设施更新改造、公共服务补短板、入口门户特色塑造、特色街道整治提升、公园绿地优化建设、小微空间"共富风貌驿"建设、"浙派民居"建设、美丽廊道串珠成链8个方面的专项整治行动，不断完善空间为基的实践体系。

在本章理论解读的基础上，第四章将提出浙江省城乡风貌整治提升的研究框架，第五章、第六章、第七至九章将分别从管理体系、标准体系、实践体系3个维度，对浙江省城乡风貌整治提升工作进行详细解读。

第四章

城乡风貌整治
提升的研究框架

1

城乡风貌整治提升的价值定位

1.1 最具浙江辨识度的一项系统工程

城乡风貌整治提升是新型城镇化成熟阶段最具浙江辨识度的一项系统工程。 浙江省是我国新型城镇化的先导省份，目前城镇化率已经超过 70%，步入了成熟稳定发展的阶段，以实现人民对美好生活的向往作为城乡发展的根本宗旨。2021 年，浙江省出台的《浙江省城乡风貌整治提升行动实施方案》全面启动了城乡风貌整治提升工作，这是贯彻落实习近平总书记重要指示精神的具体实践，也是新型城镇化成熟阶段争创社会主义现代化先行省、高质量发展建设共同富裕示范区的引领性、战略性、标志性工程。

在新的历史时期，浙江省城乡风貌整治提升行动的核心内涵在于"自然之美、人文之美、产业之美、治理之美、和谐之美"的大美集成，是全省域"城、镇、村"的一体联动，更是全领域"环境、产业、治理"一体推进的思维范式。浙江省的城乡建设工作正从解决"有没有"转向实现"好不好"、由规模供给转向品质提升的阶段。因此，城乡风貌整治提升工作作为城乡建设重要切入口，要兼具"外在颜值"与"内在品质"。外在颜值方面，要有干净整洁的人居环境、完善的基础设施、优良的环境生态等；内在品质方面，则要以城乡风貌提升为载体带动城乡功能完善、产业升级、治理优化，增强内生动力，走出一条以物质更新驱动功能复兴、以城镇集群带动乡村振兴的高质量融合发展之路，实现"面子"与"里子"并举、物质文明与精神文明共兴。从点上出彩，到线上优化，再到整体大美，城乡风貌整治提升将是浙江省新型城镇化进程中最具辨识度的一项系统工程。

1.2 推进治理现代化的一个内在要求

城乡风貌整治提升是构建城乡融合新格局、推进治理现代化的一个内在要求。 2020 年 3 月，习近平总书记在浙江考察时指出，推进国家治理体系和治理能力现代化，必须抓好城市治理体系和治理能力现代化,这是全面建设社会主义现代化国家的客观要求,也是高质量发展和高品质生活的重要保障。城乡风貌整治提升作为"美丽浙江"建设的战略抓手,采用体系化谋划推进、集成化解决问题和精细化建设管理的措施。这不是单打独斗的各自行动,而是要实现从单项到综合、局部到整体、碎片到集成,由点带面、串珠成链地集中展示城乡风貌,并做好工作结合、联动推进,将城乡风貌提升放在高质量推进城乡融合发展、建设共同富裕示范区的大背景下开展。同时,与数字化改革、未来社区建设、有机更新、美丽城镇建设、国土空间治理、治理体系和能力现代化等工作系统集成,互补融合、互促共进,加快构建城乡融合发展的新格局。

城乡风貌整治提升过程中,浙江省将政府的引领作用与地方的自发创造结合起来,形成自上而下与自下而上的合力。一方面,政府部门系统构建顶层设计,通过法律规范、规划设计和管理制度等手段进行宏观把控,统筹协调自然生态与建设空间,从全域角度塑造整体风貌和建筑形态。另一方面,尊重地方特色和首创精神,将权力下放,给地方实施预留空间。此外,通过培养和提高市民对地方文化的认同感、自豪感与责任感,达成全民参与风貌提升的共识,通过风貌整治提升行动的实施,将公众、企业以及其他社会组织纳入治理主体中,使城乡治理更加人性化。

1.3 弘扬优秀传统文化的一项特色行动

城乡风貌整治提升是弘扬优秀传统文化、保护城乡特色风貌的一项特色行动。 2015 年 12 月召开的中央城市工作会议指出,要加强对城市的空间立体性、平面协调性、风貌整体性、文脉延续性等方面的规划和管控,留住城市特有的地域环境、文化特色、建筑风格等"基因"。城乡风貌不仅是规划建设领域的问题,其背后还代表着文化。习近平总书记深刻指出,城市建筑贪大、媚洋、求怪等乱象由来已久,这是典型的缺乏文化自信的表现;建筑是凝固的历史和文化,是历史文脉的体现和延续,要树立高度的文化自觉和文化自信……,让我们的城市建筑更好地体现地域特征、民族特色与时代风貌。从文化自信这样的高度来看,城市和建筑风貌的重要性不言而喻。浙江省的城乡风貌整治提升行动正是落实习近平总书记关于城乡建设工作系列指示精神、弘扬优秀传统文化、保护城乡特色风貌的地方创新实践。

城乡风貌整治提升紧扣"整体大美、浙江气质"的主题主线,深入挖掘本地历史文化、产业、肌理等底色,注重文明传承和文脉延续,体现地域差异和文化特征。

对历史文化遗产应保尽保，活化文化遗存，实现地域要素与历史要素对话、人工景观与自然景观融合，让城市、城镇、乡村各美其美、美美与共，打造现代版"富春山居图"。例如，通过加强对农房建筑形态、色彩的管控，定期更新农房设计通用图集，提升住房设计水平，建设美丽庭院，打造现代宜居型"浙派民居"，塑造江南味、古镇味、现代风的新江南水乡风貌；又如，聚焦县域美丽风景带打造，将重要的城、镇、村串联起来，形成美丽县城、美丽城镇和美丽乡村的全域美格局。

1.4　精神层面共同富裕的一个关键抓手

城乡风貌整治提升是推进共同富裕示范区建设在精神层面的一个关键抓手。共同富裕要建立在高质量发展的基础上，与经济社会现代化发展相适应，其实现过程也是发展型经济社会向共富型经济社会跃升的过程。城市发展导向应从单一地追求经济增速，向坚定文化自信、以人为核心的方向转变。浙江省全力推进高质量发展建设共同富裕示范区的总体目标是实现物质和精神两个层面、人与自然和谐共生的全面富裕。

从共同富裕的核心要义看，城乡风貌整治提升行动所打造的"新时代富春山居图样板区"就是共同富裕美好社会的基本图景，是浙江打造"高质量发展高品质生活先行区、城乡区域协调发展引领区、收入分配制度改革试验区、文明和谐美丽家园展示区"的基本单元，其背后代表的是人民群众的家园所在、精神所系，展现的是浙江率先实现精神层面的普遍富足。城乡所蕴含的精神是城乡人文、自然风貌等各要素综合呈现的独特风韵和主体风貌，应从战略全局高度谋划浙江省文化软实力提升，厘清城乡发展的文化挑战，立足浙江文明价值，通过各类文化的积淀融合、孕育活化和传承发展，围绕市民的认同感、归属感和自豪感，提炼塑造兼具风韵与内涵、精美与大气的浙江精神内核。加强浙派文化共育，以打造"风貌高质量提升的省域范例"和"文明和谐美丽家园集中展示区"为总目标，全面实施城市精神复兴行动，助推浙江全民素质和城乡文明程度的整体跃升。

1.5　深化数字化改革的一个重要载体

城乡风貌整治提升是深化浙江省数字化改革、实现数智赋能的一个重要载体。2020 年 11 月召开的浙江省委十四届八次全会上，数字化改革被摆到全面深化改革的首要战略位置。将数字化改革贯穿于城乡风貌提升的全过程、全领域，建立"浙里·未来社区""浙里·未来乡村"和"城乡风貌管理系统"三位一体的基本单元数字化支撑体系，能够有效加快推动制度变革、系统重塑，实现多跨高效协同、工作闭环管理。

通过数字化改革实现对城乡风貌样板区创建的全过程监管，强化未来社区、未来乡村、美丽城镇、老旧小区改造等数据共享，数字化展示"整体大美、浙江气质"的风貌形象。基于数字化技术，打造促进城乡融合互联互通、民生服务共建共治共享的城乡风貌"智汇通"平台，搭建全域城乡设计数字化管控平台，统筹全域城乡设计一盘棋，实现城乡风貌样板区和未来社区项目申报、建设过程线上一体化管理，依托数字化管理系统全面实施对项目进度的实时监测。结合城市大脑和城市CIM（城市信息模型）建设，探索推进城乡风貌模块化、信息化管控，推进城乡风貌三维展示和虚拟辅助决策平台建设，形成"规、建、管、用、维"的风貌提升全流程管理。适度超前布局智能基础设施、感知系统，构建空间、服务、监测、治理等多领域智慧环境，提升数字化集成水平。不断深化"农民建房一件事"办理，建立从审批到设计、施工、验收、使用、经营、改造直到拆除的农房全生命周期的数字管理系统，守牢农房安全底线。此外，通过城乡风貌整治提升行动的实施，促使城乡拥有完备的基础设施、优质的生活环境、高度密集的人才资源等，为数字化改革深化提供良好的外部条件。

2
城乡风貌整治提升的创新思想

2.1 全域融合城乡风貌

在全域全要素统筹的要求下，国土空间总体规划对风貌特色塑造提出了新的要求：一是风貌范围在尺度上扩展到生态、农业和城镇三类空间，具有全域覆盖的特点，形成了新的尺度和视角；二是国土空间规划中规划要素不局限于建成区内部，也包括非建设用地要素，具有全要素的特点；三是浙江省城乡风貌整治提升行动不再局限于城市风貌，而是将视野扩展至城乡风貌尺度，包括城市风貌样板区与县域风貌样板区两大类，体现本次行动的系统性、整体性与科学性，并进一步促进城乡融合发展。

2.2 系统整合美丽要素

城乡风貌是城乡外在形象和内涵气质的有机统一，是由城乡自然生态环境、历史人文环境，以及建设空间环境相互协调、有机融合构成的综合展现，不仅关注景观风貌的提升，也关注城乡建设的安全、健康和活力，需要自然山水、历史文化、建筑形态、公共开放空间、街道广场绿化、公共环境艺术等美丽要素的整体协同和多部门工作的系统集成，系统推动美丽田园、美丽河湖、美丽公路、浙派园林、美丽绿道建设专项行动，实现城乡风貌整治提升工作机制和工作效果的整体提升。

2.3 集成推进三大基本单元

浙江省第十五次党代会报告提出，要全域推进共同富裕现代化基本单元建设，包括打造未来社区、未来乡村、城乡风貌样板区 3 个板块，涵盖城市、乡村、城乡三大领域。这是中国式现代化进程中，浙江省迈向共同富裕的微观抓手，通过建设共同富裕现代化基本单元，将其作为先行先试的基层场域。着力推进未来社区建设提质扩面、迈向全域；着力推进未来乡村扩面增量、深化创建；着力推进城乡风貌整治提升快速破题、形成声势，最终形成一批可复制推广的标志性成果，为共同富裕和现代化先行打牢基础。

3
城乡风貌整治提升的基本原则

3.1 规划引领、整体协调

坚持先规划后建设，加强规划谋篇，坚持生产、生活、生态空间融合，擦亮全域美丽大花园的生态底色，保护整体风貌格局，提升城乡风貌的整体性和协调性。注重设计引导，提高城市设计水平、村庄设计水平，不标新立异、贪大求洋，打造美美与共的浙江大美画卷。

3.2 特色彰显、文化传承

坚持保护和发展相统一，注重挖掘和传承浙江文化的历史基因、红色基因和时代基因，坚持文化为魂，体现文化自信，严格保护历史文化名城名镇名村等历史文化资源。突出文化传承和现代营造的有机统一，推动文化传承和现代创新的有机统一，彰显浙派建筑的地域特色，展现浙江的特有气质，增强"重要窗口"的风貌辨识度。

3.3 未来导向、系统治理

统筹抓好"面子"和"里子"、硬件和软件，将未来社区、未来乡村等理念贯穿城乡建设和风貌整治提升的全过程。坚持以人为本，做到问需于民、问计于民、问效于民。坚持绿色发展导向，强调"投建管运一体化"建设，注重风貌提升与功能完善、产业升级、生态提升、治理优化紧密结合。注重与未来社区建设、城镇老旧小区改造、美丽城镇建设、美丽乡村建设、三改一拆、"百城千镇万村景区化"、城市运行安全等专项工作的深度融合和集成推进。

3.4 示范引领、全面推动

因地制宜、点面结合地开展整治提升样板项目和样板区域建设，全面实行"地方申报、分批试点、全面创建"的全新建设机制。注重更新改造、整合提升，强调量力而行、民生导向，探索形成一批样本，积累一批技术，总结优秀创建案例经验，走出一条城乡风貌整治提升的科学路径。全域统筹，注重城镇村与山水林田湖草生命共同体建设，协调整体空间关系。注重城市与乡村景观风貌统筹营造，分类引导，系统谋划，结合城乡有机更新，推动城乡风貌全面提升。

3.5 城乡融合、共富共美

坚持城乡融合发展，在持续缩小城乡差距中实现共同富裕。通过微改造的"绣花"功夫，保留传统肌理、空间尺度和人文气息，延续历史文脉和城市精神。因地制宜地植入现代元素、现代功能、现代产业、现代服务、现代文明、现代治理，实现"古意盎然"传统风貌与"前沿时尚"现代风貌的共生共荣。以自然空间、历史文化和现代建筑的整体建设提升，形成融合自然之美、人文之美、和谐之美的整体大美，实现产、城、人、文、景的相融互通，展现浙江特有的气质。

3.6 统分结合、百花齐放

在锚定统一建设目标的同时，鼓励"百花齐放"，实现以下 3 个自由：第一是路径自由，不限定标准答案和固定做法，鼓励探索对社区和村庄发展有正向作用的建设实践；第二是范围自由，打破传统区划概念，打开建设格局，探索城乡风貌样板区跨域共建、组团共进、优势互补；第三是类型自由，立足不同基底求发展，着力优化挖潜，形成特色机制、特色模式和地方亮点。

4
城乡风貌整治提升的整体框架

城乡风貌整治提升整体框架由**管理体系、标准体系、实践体系** 3 部分内容构成，全力打造"整体大美、浙江气质"的富春山居图。其中，管理体系明确整治提升行动的纲领目标、实施模式和组织模式，为技术体系的构建提供组织保障；标准体系则对整个行动起到指导评价与技术支撑作用；实践体系通过城乡自然人文整体格局、城市重要节点和区域风貌以及县域乡村风貌三大内容的建设，实现工作体系中目标要求的具体化与空间化，并依据具体实践对治理体系进行反馈与优化（图 4-1）。

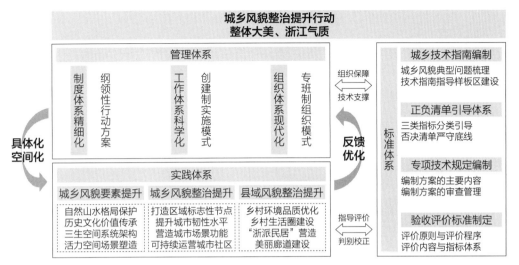

图 4-1　城乡风貌整治提升整体框架图

4.1　管理体系

城乡风貌整治提升工作的管理体系包括纲领性行动方案、创建制实施模式和专班制组织模式。统筹城乡风貌整治提升行动方案编制，开展城乡风貌评估、梳理地域风貌格局及特色元素，查找短板问题，明确特色定位、整体格局和整治提升的重点区域，落实"十四五"重点项目和年度工作推进要求；分类推进城乡风貌样板区创建，在县（市、区）政府自愿申报、各设区市审核报送的基础上，综合比选核定，分批形成浙江省城乡风貌样板区试点建设名单；跨部门抽调人员组建城乡风貌整治提升工作专班（简称"风貌专班"），联合推进城乡风貌整治提升，未来社区、未来乡村、美丽城镇建设和城镇老旧小区改造工作。

各地风貌整治提升行动方案在省级实施方案的基础上结合地方实际，对廊道界面、建筑控制、色彩指引、绿化提质、管控机制等方面进行深化，落实"n个1"要求。成果形式包括方案文本、图集和项目库表。在文本编制时要重视组织架构与分工，充分重视部门分工与协同；强调工作计划安排，明确风貌整治提升的目标任务，在哪里做、做什么、怎么做、由谁做、钱谁出，有效指导风貌整治提升的具体工作。此外，为规范各地行动方案编制的内容和深度，进一步规范成果表达，明确审批管理要求，浙江省同步编制了《浙江省市、县（市、区）城乡风貌整治提升行动方案编制导则（试行）》。该导则的重点是明确各地"十四五"时期风貌整治提升的重点区域和节点，提出整治提升的方向和要求，排定项目库，制定实施计划，并为后续重点区域和节点的详细方案设计提供指导（图4-2）。

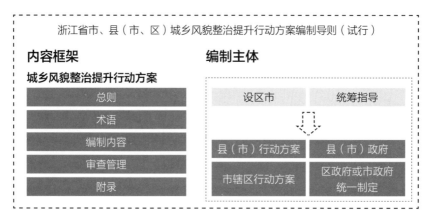

图4-2 《浙江省市、县（市、区）城乡风貌整治提升行动方案编制导则（试行）》的
内容框架与编制主体
来源：浙江省城乡风貌整治提升工作专班办公室

在城乡风貌样板区创建层面，浙江城乡风貌整治提升行动提出"5321"目标框架，结合"千万工程"20周年与发展规划，分三阶段实现（图4-3）。注重推进城市风貌样板区及县域风貌样板区试点建设，城市风貌样板区类型包括城市新区、传统风貌区、特色产业区3类。样板区申报采用动态申报管理，用微改造和微更新的方式，进行人本化的提升和管理，经设区市专班审核后、当地政府同意后上报浙江省城乡风貌整治提升工作专班，由专班确认后公布风貌样板区建设名单。

城乡风貌整治提升工作专班由28家省级成员单位组成，各成员单位按照各自职

阶段目标： 结合"千万工程"20周年与发展规划，**分三阶段**

	2022年底（强势开局）	■ 公布第一批成果
	2023年底（"千万工程"20周年）	■ 推出一批城乡风貌整治提升标志性成果 ■ 形成具有浙江特色的城乡风貌建设管理模式
	2025年底（"十四五"期末）	■ 城乡风貌管控的政策体系、技术体系基本完善 ■ 建设方式绿色转型成效显著 ■ 浙派特色进一步彰显 ■ 全省城乡风貌品质进一步提升

图4-3 浙江城乡风貌整治提升行动的阶段目标
来源：浙江省城乡风貌整治提升工作专班办公室

责分工，在专班办公室的统一协调下，落实各项任务，密切联系沟通，强化部门合力。在运作机制上，专班具有周期性会商、现场处置、信息纵向传递和横向沟通、督导检查等机制，每年对各地城乡风貌整治提升工作情况开展综合评价。同时，针对城乡风貌整治提升过程中反映较多的问题，由专班进行问题分类总结与完善，形成主题化的定期问题系列解答和经验分享工作机制（图4-4）。

图 4-4　浙江省城乡风貌整治提升工作的经验分享及培训
来源：浙江省城乡风貌整治提升工作专班办公室

4.2　标准体系

城乡风貌整治提升的标准体系由城市地区和乡村地区风貌整治提升技术指南、专项管控技术规定以及城乡风貌样板区建设评价办法三部分组成。

为强化对地方城乡风貌整治提升工作的技术指导，浙江省城乡风貌整治提升工作专班组织编制了浙江省城乡风貌整治提升技术指引系列。其中，典型问题篇分为城市风貌和乡村风貌两部分，对城乡建设过程中较为突出的部分问题进行了梳理，并提出了相关技术建议，为各地风貌建设实践提供思路借鉴；优秀案例篇则从"人本活力·现代品质""文化保护·历史传承""高效创新·产城融合"和"绿色生态·共建共富"4个维度，收录全省范围内风貌样板区建设的典型案例，归纳总结其优秀做法，形成风貌建设经验进行推广，供各地学习借鉴。县域风貌样板区技术指南则提出四项建设工作要点：由点及面，注重系统集成；由基础到提升，注重梯次推进；由简驭繁，注重农房风貌；由表及里，注重功能完善。在乡村振兴战略背景下，浙江省推进"两美"浙江建设，科学指导乡村地域风貌特色的有效保护与传承发展（图4-5）。

图4-5 浙江省城乡风貌整治提升技术指引系列
来源：浙江省城乡风貌整治提升工作专班办公室

城乡风貌样板区在建设时实施"正面+负面"清单管理，托低不限高，充分激发设计师创造性（图4-6）。高标准落实安全、绿色、低碳、智能、节俭等要求，确保经得起历史和实践的检验。针对城乡风貌样板区不同的现状问题和资源禀赋，分类提出规划指引，制定负面清单，对治理主体和被治理主体形成有效的双向约束，界定治理权限的同时明确被治理主体的有限范围。此外，建立退出机制，达标公布后的样板区如出现负面清单中的问题并造成重大影响的，应予以摘牌。

浙江省完善城乡风貌管控标准体系，"省级出指引、地方出细则"，研究制定城市体检评估、历史文化保护、城市街道建设、城市色彩管控、浙派园林建设、城市公共环境艺术塑造、"浙派民居"建设等方面的专项技术指南，指导具体实践建设。同

常见问题：街面不连续　　　　　　　　　案例：连续、品质、活力的街道

街道界面不连续　　　　　　　　　　连续的街道空间（巴塞罗那）

常见问题：肥胖的交叉口　　　　　　　案例：精细化设计、强交通引导的交叉口

"肥胖"的道路交叉口　　　　　　行人优先、精细化设计的交叉口（日本东京涩谷站前）

图 4-6　正反案例对比
来源：浙江省城乡风貌整治提升工作专班办公室

时，鼓励各地以先行先试、揭榜挂帅等形式开展城乡风貌课题研究，集中火力克难攻坚，推动城乡风貌整治提升技术体系构建工作向纵深发展。

　　在城乡风貌样板区建设的评价中，浙江省创新地加入了针对形成重大城市运行安全事故和舆情等内容形成的一票否决清单，组成了基础性指标、特色性指标、创新性指标三类指标，包括否决清单四部分的建设评价体系。样板区综合得分包括基础分、特色分和创新分，满分为 200 分。同时，根据城市风貌样板区和县域风貌样板区的不同特点，设定了有针对性的三类指标。在指标的选取和打分上更具弹性，特别是特色性指标的总分为 80 分，共 9 个指标，其中 6 个指标存在加分项，在这 6 个带星指标中最终选取分数最高的 4 项计分（表 4-1）。更加灵活的考核评价体系大大增加了创建主体的建设积极性，更好地促进创建主体利用已有建设成果做好做美，避免重复建设和浪费。

浙江省传统风貌区特色性指标表　　　　表 4-1

指标	分值	评价内容	评价方法
*一处代表性的公共建筑	15	从标识性、地域性、功能性 3 个维度评价： 建筑造型标识性突出，彰显文化内涵品味得 5 分； 公共建筑的建筑风格、建筑材料、建筑色彩体现当地传统建筑特点，体现当地建筑特色得 4 分； 公共建筑内部功能丰富，兼有展示、服务等功能得 4 分； 为历史建筑活化使用的得 2 分； 存在破坏历史建筑的行为，私搭乱建、擅自拆除不得分	台账检查、现场检查
*一座文化特色突出的休闲公园	15	从地域性、功能性、景观性 3 个维度进行评价： 公园与周边传统风貌和功能相协调，并注重地域文化和地域植物景观特色的保护与发展得 5 分； 公园拥有优美的绿色自然环境和人本化活动空间，设置游憩、休闲、运动、科普等设施得 4 分； 植物配置合理、层次丰富、重要行走、活动场所要有足够的植物庇荫，植物品种选择多样又适应本地自然环境得 4 分； 采用传统造园手法建设得 2 分； 耗费大量资金建设大广场、大草坪等大尺度的景观，存在养护成本高、生态性能差、功能参与性弱问题的，每出现一项扣 1 分，扣完即止	现场检查
*一处宜人尺度的活力广场	15	从人性化尺度、复合化功能、文化场展现 3 个维度进行评价： 广场尺度适宜（1 公顷以下）、周边活力界面围合性强、活动类型多元、参与性强得 5 分； 公共活动空间周边建筑商业、休闲、餐饮、娱乐等功能复合，内部空间划分灵活多变，活动丰富多元得 4 分； 景观小品、铺装、标识、绿化景观体现传统风貌区内涵，有充足的林荫铺装休憩活动场所得 4 分； 历史场景再现、历史建筑构筑物材料再利用等做法突出案例得 2 分； 存在尺度过大、功能参与性弱、传统风貌区特色不足、无障碍设施不健全等问题的，每出现一项扣 1 分，扣完即止	现场检查
*一条有风韵的特色街道	15	从人本化、活力度、文化性 3 个维度进行评价： 街道尺度适宜、无障碍设施健全、步行体验良好得 5 分； 街道功能丰富，具有参与性的公共景观，休闲集会游憩等活力功能的植入得 4 分； 街道风貌文化韵味强，铺装、街道家具、公共环境艺术等融入文化内涵得 4 分； 出现历史建筑创新性利用、趣味性的特色文化空间营造等突出案例得 2 分； 出现街道界面破碎、无障碍设施不健全、街道停车、经营管理秩序差等问题，每出现一项扣 1 分，扣完即止	现场检查
*一个宜人的慢行系统	15	从连通性、人本化和功能性 3 个维度进行评价： 慢行系统覆盖公园、街道、广场等开放空间及重要的文化、体育、商业等公建设施得 5 分； 慢行系统沿线有饱满的绿色空间，并注重人性化的遮阴和与相邻嘈杂空间的隔离效果得 4 分； 沿线设置有满足休憩、休闲要求的相关设施得 4 分； 通勤型慢行道改造为绿道得 2 分	现场检查
*一套适应性基础设施建设案例	15	结合传统风貌区更新要求，有针对性的创新适应性基础设施建设案例得 15 分	台账检查、现场检查
一个鲜明的文化主题（品牌）	10	从主题性、体验性、艺术性 3 个维度进行评价： 延续传统文化，围绕历史事件、人物、传统工艺等形成鲜明的文化品牌或主题得 3 分； 围绕文化主题形成特色化的体验游线或特色场景得 3 分； 有茶吧、书吧、特色市集等文化场所，并定期组织传统文化的展示、体验活动得 2 分； 文化场所、建（构）筑物、标识系统等设计体现历史文化要素且美观大气、与环境和谐相融得 2 分	台账检查、现场检查
一个未来社区建设案例	5	样板区内建有 1 个体现未来社区理念的社区建设案例得 3 分，全域落实未来社区建设理念的或创建成功 1 个省级未来社区的得 5 分	台账检查、现场检查
一套数字化的公共治理平台	5	接入城市大脑或类似数字化治理平台得 3 分；包含智慧交通、管线安全运行、风貌数字化管控等场景应用的，每有 1 项得 1 分，最多得 2 分	台账检查、现场检查 / 线上检查

备注：*选项中选取分数最高的 4 项计分

来源：浙江省城乡风貌整治提升工作专班办公室

4.3　实践体系

本研究从**城乡风貌要素提升、城市风貌整治提升、县域风貌整体提升**三大维度，解构城乡风貌整治提升行动的实践体系（表4-2）。

浙江省城乡风貌整治提升实践体系表　　　　　　　　表4-2

实践维度	地域范围	要素类型或实践路径
城乡风貌要素提升 （自然人文要素基因表达与调控）	城乡整体	自然山水格局、历史文化遗产、三生空间、活力场景
城市风貌整治提升 （点—线—面风貌塑造）	城市	区域标志节点、城市韧性水平、城市场景功能、可持续运营模式
县域风貌整体提升 （全域系统性风貌塑造）	城镇、乡村	乡村环境品质、乡村生活圈、"浙派民居"、美丽廊道

城乡风貌要素提升是通过自然及人文要素基因的表达与调控，优化基本要素组合模式，实现对城乡整体风貌格局的保护和塑造。城乡风貌要素的提升包括自然山水格局保护、三生空间系统架构、历史文化价值传承和活力场景有机塑造。①保护自然山水格局要结合国土空间规划编制、全域土地整治、自然生态修复，形成"山、水、林、田、湖"共融共生的环境基地，落实重要的城市景观轴线、景观廊道和县域特色风貌大走廊、生态廊道，营造更具魅力的城乡风貌空间。②三生空间系统架构需注重蓝绿空间的生态价值保护和利用，按相关规范标准做好功能及业态的植入，让绿地与开敞空间用地真正成为魅力空间和活力空间，推动生活、生产、生态空间的融合；产业布局要考虑与区域的特色相结合，生态空间布局要考虑与生活和生产的联系。③历史文化价值传承应建立完善的城乡历史文化保护传承体系，加强历史文化名城、名镇、名村和街区保护，完善传统村落分级保护体系，充分挖掘、保护和传承村庄物质和非物质文化遗产，连线成片地推动活态保护、活态利用、活态传承，实现多元化利用。④活力场景有机塑造则聚焦空间场所活力，通过公共艺术品塑造、节事联动空间运营、文艺场景塑造、细节空间设计等方式，从空间挖潜、空间激活和空间统筹等角度为城乡公共空间注入活力与人气。

城市风貌整治提升是通过对点状、线状及面状风貌进行塑造，提高城市空间的功能性、美观性和宜居性。城市风貌整治提升关注区域标志性节点（点状），基础设施配置（线状）与城市韧性水平，以及场景功能营造和社区可持续运营（面状）。①打造区域标志性节点，把城市入城门户、重要公共空间、地标节点、重要眺望点和城乡接合部等近期重点整治提升节点作为重点，分别对其提出整治提升方案，形成一批整体风貌协调、地域文化突出、空间体验丰富和功能活力十足的城市风貌标志性成果。②城市韧性水平的提升要抓好面上的整体推进，建立城市体检评估制度，系统推进城市有机更新，把未来社区理念全面落实到城市新区建设和旧城改造中；着力推进城市功能建设和安全运行管理，统筹地下空间综合利用，推动城市内涝治理工程和地下管网减漏行动，完善城市交通体系，建设"城市大脑"，打造精品建筑，实施工程建设全过程绿色建造等。③营造城市场景功能以未来社区九大场景为落脚点，引入场景化的营造方式，满足居民需求，解决大众痛点，引导居民互动体验参与，重塑社区人文价值体系；城乡社区可持续运营通过构建 24 小时全生活链功能体系，采用多元共治的治理方式，注重数字技术在城乡社区建设运营中的应用等，打造更宜居、更舒适和更未来的社区新范式。

县域风貌整体提升是以县域为基本单元，对城镇及乡村的全域风貌要素进行优化整合，形成系统性风貌特色。县域风貌整体提升包括乡村环境品质优化、乡村生活圈建设、"浙派民居"营建和美丽廊道建设。①乡村环境品质优化要立足"千万工程"和"美丽乡村"的建设成果，综合整治山林、农业、水体，开展沿路、沿线及重要节点的环境综合整治，深化垃圾、污水、厕所"三大革命"，全面实施农村生活污水治理"强基增效双提标"行动，结合全域土地综合整治，重点提升农业种植用地、设施农用地景观风貌，持续提升环境品质。②乡村生活圈建设提出县域公共设施城乡一体化建设、高质量共享的要求，加快城乡设施联动发展，补齐基础设施和公共服务设施短板，打造 15 分钟乡村社区生活圈和 30 分钟村镇生活圈。③"浙派民居"营建着力推进农房风貌提升，尊重乡土风貌和地域特色，充分梳理"浙派民居"在不同地域的类型差异和风格变化，做到更加精准的建筑风格地域化。④美丽廊道建设基于县域自然景观格局、魅力空间识别和美丽城乡建设的基础，依托沿路、临河、环山等特色带状空间，确定县域美丽风景带的布局和范围。以人为本、高品质整体协调，打造县域风貌样板区绿色自然生态带、蓝色休闲滨水带、紫色宜居人文带、橙色畅联交通带和红色活力产业带的"五彩聚合"带，根植地方特有自然环境和文化基底，满足老百姓对日益增长的美好生活向往，建设"各美其美、美美与共"的县域风貌样板区。

第五章

城乡风貌整治
提升的管理体系

城乡风貌整治提升的实践强调自上而下的管理体系创新和自下而上的工作能力提升相结合。从城乡风貌整治提升行动启动以来，省级部门从制定实施方案，到编制导则，再到编制过程中的及时纠偏，对整个城乡风貌整治提升行动启动阶段进行了自上而下的精细化工作安排。自2010年的小城市培育，浙江省开始在省级工程实行试点制，选定具有一定发展优势的小城镇作为试点对象，集中有限资源进行小城市培育。在2019年开始的美丽城镇建设中，浙江在试点制的基础上，全面实行"地方申报、分批试点、全面创建"的全新建设机制。创建制经过美丽城镇建设、未来社区建设等省级工程的不断完善，在建设目标、考核内容和标准、创建考核程序等方面，形成了一套完整的自上而下的建设机制。为了破解我国垂直管理部门和地方政府之间存在的条块分割问题，从小城镇环境综合整治开始，浙江在推进各项省级建设行动时摸索出了一套多部门联合办公的专班运作制度。专班制作为自上而下的政府工作体系探索，经历了小城镇环境综合整治、美丽城镇建设，到当前的城乡风貌提升整治行动和未来社区建设，该制度建设已日渐完善，形成了"专班运作、协同推进、清单管理"的建设行动工作推进机制，大大降低了浙江在推进各项建设行动过程中的制度成本。在这期间，政府积极有为、创新作为，打造了一支敬业的基层公务员队伍。这支队伍从简单执行上级政府机构建设计划到目前对城市建设有一定的了解和想法，能在建设过程中发挥主观能动性，自下而上地主动推进城市建设，打造了一套务实高效的基层政府运行体系与机制。

本章将从制度体系、工作体系、组织体系3个方面，总结浙江省城乡风貌整治提升的管理体系（图5-1）。

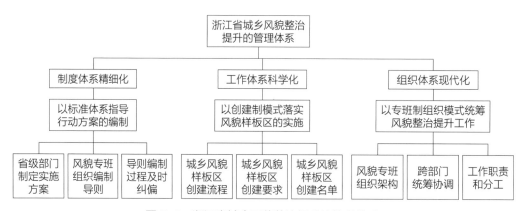

图5-1 浙江省城乡风貌整治提升的管理体系

1

制度体系精细化
——以标准体系指导行动方案的编制

在城镇化快速发展的时期，浙江小城镇快速发展，城镇问题快速涌现，对城市管理提出了较高的要求。改革开放 40 多年来，政府逐渐从粗放管理转向精细化管理。工作体系精细化的一个重要内容就是在城市管理中把工作做细，把管理和服务渗透到每项事务的方方面面。在城乡风貌整治提升工作中，政府从省级部门到风貌专班，对工作进行了详尽的安排。在省级部门层面，政府首先做好宏观规划和方案，制定城乡风貌整治提升的实施方案，对风貌整治提升工作作了整体上的把控；其次，精细化制定相应政策，落实工作到细处，对下级工作进行有效指导。城乡风貌整治提升工作中，风貌专班在实施方案的基础上组织编制了更为细致的方案编制导则，针对不同类型风貌区确定合适的建设方向，防止"一刀切"的建设模式。同时，工作体系精细化还体现在管理和服务融为一体，不是只强调管理而忽视了服务，不是以往站在管理者的角度制定标准准则后放手不管。在城乡风貌整治提升方案编制过程，风貌专班及时对各地的方案编制情况进行调研，对编制过程中出现较为普遍的问题进行及时纠偏，保证各地方案编制的顺利进行。

1.1　省级部门制定实施方案

我国经历了 40 多年的快速发展，城镇化导致了自然资源的诸多破坏，也影响了原来具有特色的城乡风貌的保护和延续，"千城一面"成为多数地区的真实写照。目前，城乡风貌管控的相关法规制度缺乏、机构缺失，相关规划审批标准不一、效力不强，城市设计编制体系不明、传导不畅等问题导致城乡风貌出现了各种不协调、不统一的问题[①]。同时，由于缺乏顶层设计和整体统筹，城乡风貌相关规划通常出现"开发一片，规划一片"的现象，片区之间缺乏协调和衔接，导致了城乡景观破碎混杂，

---

① 姚月，张洪剑，刘亚茹. 面向高质量发展的城乡景观风貌管控法制建设研究——以广东省为例［J］. 城乡规划，2021（Z1）：108-116.

品质低下。

自 2003 年以来，美丽浙江建设取得巨大成就，但更多是节点、区块、条块的"美丽"，缺乏整体性、系统化的"美丽"集成，在城乡建设环境与自然关系、建筑风貌，历史保护、文化彰显、品质品位方面也还有不足。新的历史时期，必须贯彻落实新发展观念，从解决"有没有"到实现"好不好"，推动城乡建设由量的增长转向质的提升，走高质量发展道路。自 2021 年下半年开始，浙江省全面实施城乡风貌整治提升行动。

2021 年 7 月，浙江省城乡风貌整治提升暨未来社区建设工作现场会首次召开；2021 年 9 月，省委办公厅、省政府办公厅印发《浙江省城乡风貌整治提升行动实施方案》（简称《实施方案》），标志着这项工作进入全面实行阶段。

《实施方案》明确指出，城乡风貌整治提升行动的主要目标为"5321"：自 2022 年起每年建成 50 个左右城市风貌样板区和 30 个左右县域风貌样板区，择优公布 20 个左右"新时代富春山居图城市样板区"和 10 个左右"新时代富春山居图县域样板区"。同时，到 2023 年底，目标推出一批城乡风貌整治提升标志性成果，形成具有浙江特色的城乡风貌建设管理模式。到"十四五"期末，城乡风貌管控的政策体系、技术体系基本完善，建设方式绿色转型成效显著，浙派特色进一步彰显，全省城乡风貌品质进一步提升。

同时，《实施方案》也明确了城市风貌样板区分为城市新区、传统风貌区、特色产业区 3 种类型；县域风貌样板区是美丽县城、美丽城镇、美丽乡村的串珠成链、集成推进。对于城乡风貌工作具体如何推进这一问题，《实施方案》中也提出了"三统筹两加强"的城乡风貌提升主要任务，即统筹推进城乡风貌整治提升行动方案制定、统筹推进城乡风貌技术指引体系建设、统筹推进城乡自然人文整体格局保护和塑造，切实加强城市重要区域和节点风貌整治提升、切实加强县域乡村风貌整体提升。

1.2 风貌专班组织编制导则

在城乡风貌整治提升工作启动后，浙江省美丽浙江建设领导小组城乡风貌整治提升（未来社区建设）工作专班（简称"风貌专班"）在 2021 年 8 月编制完成了《浙江省市、县（市、区）城乡风貌整治提升行动方案编制导则（试行）》（简称《导则》）。《导则》中明确了城乡风貌整治提升工作的性质和任务，即城乡风貌整治提升是以未来社区理念为引领，坚持风貌提升与功能完善、产业升级、生态提升、治理优化一体推进，深度融合国土空间治理、城市与乡村有机更新、美丽城镇与乡村建设等的一项系统集成工作。城乡风貌整治提升应衔接相关规划，融合各部门条线相关工作，在此基础上因地制宜地做好整治提升文章，彰显地方特色。同时，《导则》还提出了行动方案编制的工作重点为明确各地"十四五"期间的风貌整治提升的重点区域和节点，提出整治提升的方向和要求，排定项目库，制定实施计划，为后续重点区域和节点的详细方案设计提供指导。城乡风貌整治提升行动方案应符合国土空间规划，相关内容应纳入法定规划进行管控和实施。

《导则》中对城乡风貌整治提升行动方案的内容进行了限定，内容应包括城乡区域的风貌评估、风貌特色框架、整治提升重点区域和重要节点、实施机制保障四大部分，附加实施项目清单和年度计划。部分不含乡村或乡村数量很少的市辖区可仅编制城市风貌整治提升内容。《导则》也对不同层级相关部门所需编制方案的层次进行了解释和任务解读，设区市的城乡风貌整治提升行动方案包括市辖区域（市本级）和中心城区两个层面，县（市、区）的方案包括县（市、区）域和中心城区两个层面。同时，《导则》解释了城乡风貌、城乡风貌样板区、城市新区、传统风貌区、特色产业区、县域美丽风景带、"浙派民居"等行动方案中的关键主语，也重点从总述、现状基础与风貌评估、总体风貌特色框架、城市风貌整治提升、县域风貌整治提升、实施保障、项目库、成果要求8个方面对城乡风貌整治提升行动方案的编制内容进行了详细解释，为各地区编制行动方案提供了翔实的内容参考。

《导则》的编制为规范各地城乡风貌整治提升行动方案编制的内容和深度提供了标准，也为成果表达的规范性提供了依据，明确了行动方案审批管理要求，是后续城乡风貌整治提升行动方案编制工作有序展开的重要依据和保障。

1.3　导则编制过程及时纠偏

在《导则》编制的过程中，风貌专班结合摸排、调研及地方反馈，分类总结与完善当前城乡风貌整治提升推进过程中反映较多的问题后，形成了主题化的定期问题系列解答和经验分享工作机制。

第一期共性问题与解答主要集中在行动方案编制初期，各地反映出对两类四型城乡风貌样板区范围界定不确定、构成要素理解不到位、城乡风貌样板区工作阶段和任务不清晰等问题，风貌专班以发文形式对问题进行了一一解答。文件强调了城市样板区的范围、传统风貌区的界定、县域风貌样板区的构成要素之间的关系，也提出了样板区的选址应符合国土空间规划要求，在具有一定人口集聚能力、特色禀赋、经济发展与建设基础的地区，通过建设改造和整治提升，达到示范引领作用。选址的两个基本原则为：一是要体现对外引领性的展示度，要求交通便捷性和旅游可游性；二是要体现在地特色性，最好能体现当地的地域特性，包括民俗风情、特色建筑、自然风光等。在解答城乡风貌整治提升与样板区建设之间的关系问题上，文件提出行动方案是面、是整体，样板区是点、是局部，且行动方案与样板区建设的目标各有侧重。行动方案是谋划本行政区域内所有风貌整治提升行动的纲领，样板区是集成展示本行政区域内主要风貌成果的窗口。文件同时也强调了城乡风貌样板区申报的具体要求、建设数量要求、城乡风貌样板区与未来社区建设的关系，解释了城乡风貌样板区建设的督查与激励政策。

第二期共性问题与解答主要是风貌专班在各市县开展行动方案指导、评审等相关工作的同时，对当时各地行动方案编制过程中出现的共性问题进行了梳理和解答。第二期的问答首先对行动方案编制的基本要求进行了详细梳理。城乡风貌整治提升工作重视组织架构与分工，要充分重视部门分工与协同，避免出现只提住房和城乡建设部门；而行动方案是下阶段城乡风貌整治提升工作的重要依据，要强化工作计划与安排，明确风貌整治提升的目标和任务，包括在哪里做、做什么、怎么做、由谁做、钱谁出几大任务。同时，强调风貌整治提升工作不是白手起家，要结合"十四五"规划、国土空间规划、城市设计等成果，在近年美丽浙江建设的基础上推进，强调价值引领与展示；提出了要强调风貌要素管控，注重形成经验和标准，提出"简单的规则、长久的坚持"是风貌整治提升的根本路径。在回答了行动方案编制基本要求的基础上，文件提出了行动方案编制过程中 6 个需要避免的误区，分别是避免只谈样板，要有全局观念；避免面面俱到，要有重点节点；避免泛泛而谈，要有特色研究；避免只谈问题，要有回应措施；避免上帝视角，要有人视体验；避免只谈理念，要有项目清单。

2
工作体系科学化
——以创建制模式落实风貌样板区的实施

　　城市建设和管理工作体系科学化的目标在于促进工作推进手段的有效性，使工作目标和方法能与城市发展阶段紧密结合，同时也强调城市建设管理体制与时俱进。浙江经过了 21 世纪前 20 年的城乡更新建设，在城乡协调发展问题上积累了一定经验和优势。创建制是浙江在城市建设和管理工作体系改革方面、适应新常态下供给侧结构性改革的探索试验。这一机制充分调动了全省经济社会发展的新热潮，激发了全省的创新活力，对于有效推进省级建设行动有着至关重要的作用。通过对地方自愿申报申请创建、宽进严定的申报创建制度的培育，使得城市更新和管理领域进一步贯彻新发展理念。浙江省在城乡风貌整治提升实施过程中用创建制代替传统的审批制，建立了"明确目标、竞争入队、优胜劣汰、达标授牌"的新机制。创建制的优势在于可以避免各地出现"重创牌、轻落实"的现象，让各阶段的城乡风貌整治提升建设能够切实有效地推进[①]。

2.1　城乡风貌样板区创建流程

　　自美丽乡村建设开始，浙江省以行政主体主导的各类建设规划渐渐从传统申报审批制走向创建制，特色小镇建设在编审流程、准入机制和财政支持等方面均借鉴了美丽乡村的建设思路，并且明确提出"宽进严定"的创建机制，在近 3 年的美丽城镇、未来社区、未来乡村、城乡风貌整治提升等建设工作中，创建制的建设实施模式在申请准入、分类指导、治理模式等方面逐渐走向成熟。时任浙江省委书记在对未来社区和城乡风貌整治提升工作的讲话中也指出，要全面实行创建制，鼓励先干起来、干中给政策、干成授牌子（图 5-2）。

---

① 黄卫剑，汤培源，吴骏毅，等. 创建制——供给侧改革在浙江省特色小镇建设中的实践［J］.
　小城镇建设，2016（3）：31-33.

项目	起步期		发展期		成熟期	
	"千万工程"（2003）	美丽乡村（2008）	小城市培育试点（2010）	特色小镇（2014）	小城镇综合环境整治（2016）	美丽城镇（2019）
申请准入	通过5年时间对全省1万个左右的行政村进行全面整治	2016年公布首批浙江美丽乡村，共6个示范县、100个美丽乡村示范乡镇	分阶段培育200个特色明显、经济发达和辐射能力强的现代化小城市	力争通过3年重点培育和规划，建设100个左右特色小镇	通过3年时间整治全省1191个乡镇和独立街道	力争3年时间300个左右小城镇达到美丽城镇要求
	基本覆盖的弱准入　　有限遴选的强准入		上级指定的弱准入　　自主申报的强准入		全面整治的弱准入　　考核创建的强准入	
分类指引指标体系	分类指引：分为2类，示范村与环境整治村	分类指引：分为3类，整乡整治整治项目重点培育示范中心村、历史文化重点村	分类指引：总结为3类，都市型、县域农业型小城镇、县域块状经济中心镇（陈前虎，2012）；或7类（徐靓，2012）	分类指引：分为8类，信息经济、环保、健康、时尚、旅游、金融、高端装备制造和历史经典 指标体系：所有特色小镇均要求考核共性指标3大类17小类，8类特色小镇分设特色指标	分类指引：分为3类，中心镇、一般镇、乡集镇 指标体系：细分4大类18小类，不同城镇整治深度不同	分类指引：分为6类，都市节点型、县域副中心型、文旅特色型、商贸特色型、工业特色型、农业特色型 指标体系：共性指标5大类38小类、6类美丽城镇分设特色指标
	面向有限乡建内容的简单分类		面向特色产业集群的多元分类	细化多元分类的指标体系，衔接上级创建目标与规划编制内容		
治理模式	浙江省委、省政府下设"千村示范、万村整治"工作协调小组办公室，由农业农村厅（农办）牵头	由浙江省"千村示范、万村整治"工作协调小组办公室负责	浙江省发展改革委员会下设中心镇发展改革协调小组办公室	浙江省发展改革委员会设立特色小镇规划建设工作联席会议办公室，13家省级部门负责人为成员	成立浙江省小城镇环境综合整治行动领导小组，成立3个小组和7个专项组，统一地点，集中办公	浙江省小城镇环境综合整治行动领导小组，成立5个小组，抽调人员范围从城市建设口扩展至政府各个部门
	治理架构：		治理架构：		治理架构：	

图5-2　浙江省创建类规划的模式演进历程[①]

创建制的建设实施模式一般按照下列程序进行：①发布申报通知，②编制申报方案，③提交申报材料，④申报方案评审，⑤确定试点创建名单，⑥编制实施方案，⑦实施方案评审，⑧建设实施，⑨验收命名。在城乡风貌整治提升工作中，城乡风貌样板区的建设以创建制为主要实施模式，其基本建设程序分为地方申报、核查验收、认定命名三大步骤。在地方申报步骤中，实行年度申报机制，以项目所在的县（市、区）人民政府为城乡风貌样板区的建设主体；建设主体自愿申报，所在设区市人民政府审核，后提交至风貌专班，由风貌专班进行比选，选取的样板区通过核定后列入建设名单。在核查验收步骤中，建设主体要及时组织编制样板区建设方案，并报风貌专班审查；建设方案的风貌管控内容要纳入法定的详细规划和专项规划，并建立城乡风貌整治提升评价机制，定期进行检查评估；对于如期完成建设的样板区，建设主体提

---

① 施德浩，陈前虎，陈浩. 生态文明的浙江实践：创建类规划的模式演进与治理创新［J］. 城市规划学刊，2021（6）：53-60.

交验收申请报告后，风貌专班组织开展综合评价。在认定命名步骤中，对于综合评价达标的样板区，由省城乡风貌整治提升工作专班公布，并在其中择优选树"新时代富春山居图城市样板区"和"新时代富春山居图县域样板区"，经省委、省政府同意后公布；在样板区创建过程中，要求各地加快建立绿色审批通道，结合项目类型，鼓励优先采取"项目全过程咨询＋工程总承包"的管理服务方式，同时要求样板区原则上在两年左右完成建设。

2.2　城乡风貌样板区创建要求

城市新区风貌样板区的创建要求包括基础设施、公共服务设施完善，探索推进新型城市基础设施建设和改造，实现风貌整体协调、特色鲜明、现代化气质显著。一般应具有重要的公共建筑、高品质的城市公园、魅力的城市门户、有活力的特色街道、宜人的魅力绿道（慢行道）、未来社区建设案例、海绵城市建设案例、鲜明的文化主题（品牌）、数字化应用场景等元素，具体可结合地方实际进行创新优化。

传统风貌样板区的创建要求包括基础设施、公共服务设施完善，实现风貌整体协调、特色鲜明，文化内涵丰富。一般应具有代表性的公共建筑、文化特色突出的休闲公园、宜人尺度的活力广场、有风韵的特色街道、宜人的慢行绿道、未来社区建设案例、鲜明的文化主题（品牌）、未来社区建设案例、数字化应用场景等元素，具体可结合地方实际进行创新优化。

城市特色产业区风貌样板区的创建要求包括基础设施、公共服务设施完善，实现风貌整体协调、特色鲜明。一般应具有代表性的特色建筑、宜人尺度的活力广场、精致的休闲绿地、创新活力的特色产业、鲜明的文化主题（品牌）、数字化应用场景等元素，具体可结合地方实际进行创新优化。

县域风貌样板区的创建要求包括生态优良、风貌协调、设施完善。一般应具有生态宜人的美丽山林、自然和谐的美丽河湖、集中连片的美丽田园、可体验山水人文的绿道网络、鲜明的文化主题（品牌）、美丽城镇省级样板、"浙派民居"特色村（或传统村落、美丽宜居示范村）、未来乡村、因地制宜发展的特色产业、可游可赏可达的美丽公路等元素，具体可结合地方实际进行创新优化。

截至2022年底，经过1年多的试点建设，在县（市、区）风貌专班自愿申报、各设区市专班评审报送的基础上，经浙江省城乡风貌整治提升工作专班办公室组织专家实地考察评审，分3批共命名了111个城乡风貌样板区——首批17个，第二批32个，第三批62个（表5-1～表5-3），其中择优选树了45个"新时代富春山居图样板区"，包括25个"新时代富春山居图城市样板区"和20个"新时代富春山居图县域样板区"（表5-4）。

2022 年度浙江省首批城乡风貌样板区名单　　　表 5-1

设区市	样板区名称
城市风貌样板区（传统风貌区类）	
宁波市	江北慈城老城传统风貌样板区
温州市	鹿城禅街—五马街—公园路传统风貌样板区
绍兴市	越城"越子城"传统风貌样板区
金华市	婺城"水韵古婺·燕舞三江"传统风貌样板区
衢州市	柯城南孔古城传统风貌样板区
城市风貌样板区（城市新区类）	
杭州市	"心相融达未来"亚运风貌样板区
宁波市	鄞州南部创意魅力区城市新区风貌样板区
嘉兴市	南湖"烟雨江南·红船圣地"城市新区风貌样板区
城市风貌样板区（特色产业区类）	
杭州市	富阳公望富春特色产业风貌样板区
绍兴市	上虞曹娥江一江两岸特色产业风貌样板区
县域风貌样板区	
杭州市	余杭"禅径寻农·径鸬"县域风貌样板区
湖州市	德清绿色生态旅游发展县域风貌样板区
湖州市	安吉余村"两山"县域风貌样板区
衢州市	龙游溪口—沐尘县域风貌样板区
舟山市	嵊泗枸杞—嵊山"山海奇观"县域风貌样板区
台州市	仙居白塔—淡竹"神仙画游"县域风貌样板区
丽水市	景宁畲乡之窗县域风貌样板区

2022 年度浙江省第二批城乡风貌样板区名单　　　　表 5-2

设区市	样板区名称
城市风貌样板区（传统风貌区类）	
杭州市	上城宋韵最杭州传统风貌样板区
	余杭瓶窑老街传统风貌样板区
台州市	黄岩南苑社区传统风貌样板区
城市风貌样板区（城市新区类）	
温州市	龙湾万顺城市新区风貌样板区
	瓯海中心城区城市新区风貌样板区
嘉兴市	嘉兴运河新区城市新区风貌样板区
金华市	磐安"自在海螺"环海螺山城市新区风貌样板区
台州市	温岭九龙湖"活力客厅"城市新区风貌样板区
城市风貌样板区（特色产业区类）	
宁波市	海曙天一阁·月湖·金汇特色产业风貌样板区
	镇海科创策源特色产业风貌样板区
	北仑梅山湾文旅特色产业风貌样板区
温州市	洞头海峡同心共富特色产业风貌样板区
湖州市	德清整体智治特色产业风貌样板区
嘉兴市	海宁泛半导体产业园特色产业风貌样板区
金华市	东阳木雕小镇特色产业风貌样板区
	永康五金科创特色产业风貌样板区
县域风貌样板区	
杭州市	富阳古东安县域风貌样板区
	临安风情唐昌县域风貌样板区
	淳安姜家—界首县域风貌样板区
	建德三江汇流县域风貌样板区
宁波市	鄞州太白钱湖山水卷县域风貌样板区
	奉化明山剡水风景带县域风貌样板区
温州市	瑞安曹村—马屿县域风貌样板区
湖州市	吴兴太湖溇港县域风貌样板区
嘉兴市	嘉善西塘—姚庄"未来幸福水乡"县域风貌样板区
绍兴市	柯桥"舜源古忆"县域风貌样板区
金华市	浦江檀溪—大畈活力风情县域风貌样板区
	武义柳城—西联"畲韵莲香"县域风貌样板区
衢州市	江山"仙霞探古"县域风貌样板区
台州市	三门健跳—蛇蟠"海岸仙境"县域风貌样板区
丽水市	青田华侨文化县域风貌样板区
	缙云"溪山云行画卷"县域风貌样板区

<table>
<tr><td colspan="2" align="center">2022 年度浙江省第三批城乡风貌样板区名单</td><td align="right">表 5-3</td></tr>
<tr><td>设区市</td><td colspan="2">样板区名称</td></tr>
<tr><td colspan="3" align="center">城市风貌样板区（传统风貌区类）</td></tr>
<tr><td rowspan="3">杭州市</td><td colspan="2">拱墅"大运河核心区"传统风貌样板区</td></tr>
<tr><td colspan="2">临安苕溪锦带传统风貌样板区</td></tr>
<tr><td colspan="2">淳安排岭记忆传统风貌样板区</td></tr>
<tr><td rowspan="2">温州市</td><td colspan="2">鹿城九山湖—茶花传统风貌样板区</td></tr>
<tr><td colspan="2">瓯海创梦山根传统风貌样板区</td></tr>
<tr><td>嘉兴市</td><td colspan="2">南湖大运河传统风貌样板区</td></tr>
<tr><td rowspan="2">金华市</td><td colspan="2">兰溪"三江之畔·文化街区"传统风貌样板区</td></tr>
<tr><td colspan="2">义乌国际文化共融传统风貌样板区</td></tr>
<tr><td>衢州市</td><td colspan="2">江山清湖锁钥传统风貌样板区</td></tr>
<tr><td>台州市</td><td colspan="2">路桥"十里长街"传统风貌样板区</td></tr>
<tr><td>丽水市</td><td colspan="2">龙泉"烟雨瓯江·古城新韵"传统风貌样板区</td></tr>
<tr><td colspan="3" align="center">城市风貌样板区（城市新区类）</td></tr>
<tr><td rowspan="4">杭州市</td><td colspan="2">余杭梦想未来城市新区风貌样板区</td></tr>
<tr><td colspan="2">临平门户客厅艺尚小镇城市新区风貌样板区</td></tr>
<tr><td colspan="2">钱塘金沙湖城市新区风貌样板区</td></tr>
<tr><td colspan="2">桐庐迎春商务区城市新区风貌样板区</td></tr>
<tr><td rowspan="2">宁波市</td><td colspan="2">慈溪明月湖文化商务区城市新区风貌样板区</td></tr>
<tr><td colspan="2">象山大目湾（亚帆）城市新区风貌样板区</td></tr>
<tr><td>温州市</td><td colspan="2">平阳凤湖公园城市新区风貌样板区</td></tr>
<tr><td>湖州市</td><td colspan="2">长兴龙山片区城市新区风貌样板区</td></tr>
<tr><td>嘉兴市</td><td colspan="2">平湖东湖城市新区风貌样板区</td></tr>
<tr><td>绍兴市</td><td colspan="2">诸暨"东揽湖光·盛景浦江"城市新区风貌样板区</td></tr>
<tr><td rowspan="2">金华市</td><td colspan="2">金东多湖里城市新区风貌样板区</td></tr>
<tr><td colspan="2">永康"山水溪心"城市新区风貌样板区</td></tr>
<tr><td>衢州市</td><td colspan="2">常山文昌阁城市新区风貌样板区</td></tr>
<tr><td>舟山市</td><td colspan="2">普陀东港城市新区风貌样板区</td></tr>
<tr><td>台州市</td><td colspan="2">临海灵湖"临海客厅"城市新区风貌样板区</td></tr>
<tr><td>丽水市</td><td colspan="2">丽水花园城市新区风貌样板区</td></tr>
<tr><td colspan="3" align="center">城市风貌样板区（特色产业区类）</td></tr>
<tr><td rowspan="2">杭州市</td><td colspan="2">上城玉皇山南基金小镇特色产业风貌样板区</td></tr>
<tr><td colspan="2">西湖云栖小镇特色产业风貌样板区</td></tr>
<tr><td>湖州市</td><td colspan="2">南太湖新区月亮湾特色产业风貌样板区</td></tr>
<tr><td>绍兴市</td><td colspan="2">柯桥水韵纺都特色产业风貌样板区</td></tr>
<tr><td colspan="3" align="center">县域风貌样板区</td></tr>
<tr><td rowspan="2">杭州市</td><td colspan="2">萧山"永兴枕梦·萧南花园"县域风貌样板区</td></tr>
<tr><td colspan="2">桐庐富春慢居县域风貌样板区</td></tr>
<tr><td rowspan="3">宁波市</td><td colspan="2">镇海九龙湖—十七房县域风貌样板区</td></tr>
<tr><td colspan="2">余姚四明之窗红诗路县域风貌样板区</td></tr>
<tr><td colspan="2">宁海前童—岔路县域风貌样板区</td></tr>
</table>

续表

设区市	样板区名称
温州市	乐清仙溪—大荆县域风貌样板区
	乐清柳市—北白象县域风貌样板区
	文成"伯温故里民俗带"县域风貌样板区
	泰顺古韵山乡县域风貌样板区
湖州市	南浔水乡古村落县域风貌样板区
嘉兴市	秀洲油车港—王江泾"秀水新区"县域风貌样板区
	海宁长安—周王庙"共同富裕"县域风貌样板区
	桐乡高桥—屠甸—梧桐"三治融合"县域风貌样板区
绍兴市	诸暨"枫江明珠·榧乡古镇"县域风貌样板区
	新昌"水墨山城"县域风貌样板区
金华市	婺城安地—雅畈"魅力仙源·非遗古镇"县域风貌样板区
	金东积道山"蔬果香堤"八仙溪风貌带县域风貌样板区
	东阳横店—湖溪县域风貌样板区
	义乌城西—后宅—上溪红色创享县域风貌样板区
	磐安尖山—玉山"多彩台地"县域风貌样板区
衢州市	常山球川—白石"边驿古镇·浙西门户"县域风貌区
	开化"金溪画廊"县域风貌样板区
舟山市	岱山"山海蓬莱"县域风貌样板区
	嵊泗花鸟乡—小菜园码头"艺术花鸟"县域风貌样板区
台州市	温岭石塘—松门"好望海滨"县域风貌样板区
	玉环楚门—清港县域风貌样板区
	天台始丰—平桥"始丰漫游"县域风貌样板区
丽水市	莲都"古堰画乡·诗画田园"县域风貌样板区
	云和"十里云河"县域风貌样板区
	庆元百山祖国家公园县域风貌样板区
	松阳水墨小港县域风貌样板区

浙江省首批"新时代富春山居图样板区"名单　　　　表5-4

设区市	样板区名称
	新时代富春山居图城市样板区
杭州市	杭州"心相融达未来"亚运风貌样板区
	上城宋韵最杭州传统风貌样板区
	余杭瓶窑老街传统风貌样板区
	临平门户客厅艺尚小镇城市新区风貌样板区
	富阳公望富春特色产业风貌样板区
宁波市	鄞州南部创意魅力区城市新区风貌样板区
	江北慈城老城传统风貌样板区
	北仑梅山湾文旅特色产业风貌样板区
	慈溪明月湖文化商务区城市新区风貌样板区

设区市	样板区名称
温州市	鹿城禅街—五马街—公园路传统风貌样板区
	龙湾万顺城市新区风貌样板区
	洞头海峡同心共富特色产业风貌样板
湖州市	德清整体智治特色产业风貌样板区
嘉兴市	南湖"烟雨江南·红船圣地"城市新区风貌样板区
	平湖东湖城市新区风貌样板区
绍兴市	越城"越子城"传统风貌样板区
	柯桥水韵纺都特色产业风貌样板区
	上虞曹娥江一江两岸特色产业风貌样板区
金华市	婺城"水韵古婺·燕舞三江"传统风貌样板区
	金东多湖里城市新区风貌样板区
	东阳木雕小镇特色产业风貌样板区
衢州市	柯城南孔古城传统风貌样板区
台州市	黄岩南苑社区传统风貌样板区
	路桥"十里长街"传统风貌样板区
丽水市	龙泉"烟雨瓯江·古城新韵"传统风貌样板区
新时代富春山居图县域样板区	
杭州市	余杭"禅径寻农·径鸬"县域风貌样板区
	临安风情唐昌县域风貌样板区
	建德三江汇流县域风貌样板区
宁波市	鄞州太白钱湖山水卷县域风貌样板区
温州市	乐清仙溪—大荆县域风貌样板区
	瑞安曹村—马屿县域风貌样板区
湖州市	吴兴太湖溇港县域风貌样板区
	德清绿色生态旅游发展县域风貌样板区
	安吉余村"两山"县域风貌样板区
嘉兴市	嘉善西塘—姚庄"未来幸福水乡"县域风貌样板区
	海宁长安—周王庙"共同富裕"县域风貌样板区
绍兴市	诸暨"枫江明珠·榧乡古镇"县域风貌样板区
金华市	义乌城西—后宅—上溪红色创享县域风貌样板区
	磐安尖山—玉山"多彩台地"县域风貌样板区
衢州市	龙游溪口—沐尘县域风貌样板区
	江山"仙霞探古"县域风貌样板区
舟山市	嵊泗枸杞—嵊山"山海奇观"县域风貌样板区
台州市	三门健跳—蛇蟠"海岸仙境"县域风貌样板区
丽水市	缙云"溪山云行画卷"县域风貌样板区
	青田华侨文化县域风貌样板区

3

组织体系现代化
——以专班制组织模式统筹风貌整治提升工作

在我国进入新发展阶段以来，传统以城市政府为单一主体的管理模式既无法满足多样化需求，又无法提供多方参与的渠道，因此出现了以"部门协同、横向到边""责权下沉、纵向到底""多元参与、共治共享"等为特征的城市管理组织体系现代化变革[1]。中国城市政府各职能部门之间的相互配合和协调工作是城市管理改革的重要组成部分。在城市管理领域，规划、建设、管理三者之间的关系是部门之间协调的核心，部门之间的条块分割在城市管理上往往出现"重建设轻管理"的局面。而造成政府部门之间条块分割、横向协同不足的体制矛盾在于部门设置存在职能交叉和重叠，权限划分界限模糊，自成体系。这也导致了不同职能部门对城市管理的职责范畴和工作边界的认识存在分歧，致使管理的内容和范围参差不齐，各方对权责的规定难求一致。

为了高效推进省委部署的各项工作，破解我国垂直管理中存在的条块分割问题，实现效率更高、成本更低、更加灵活的跨部门协同，从小城镇环境综合整治开始，浙江在推进各项省级建设行动时，摸索出了一套围绕建设行动而设定、多部门联合办公的专班运作制度，以现代化的组织结构，为各项建设行动的推进提供组织保障。省级领导小组风貌专班是非常设议事机构，专班人员脱离原工作岗位，专班专职，不兼职、不打杂，集中办公，实体化运行、项目化管理，但不干扰原有机构的日常运作。在城乡风貌整治提升行动中，风貌专班统筹整个工作的开展，以例会制、报表制、督查制、通报制、考核制5个制度为工作机制，实现了省、市、县三级工作的贯通，也落实了3个常态化，即开展常态化的调查研究、常态化的分析研判、常态化的协调推进，并最终通过3张清单（主要指标进度表、重点任务进度表、问题销号进度表）细化工作重点，不仅把共同富裕系统架构图挂在墙上，更是将系统架构工作落到地上，真正把谋划的事项落细落实、见到成效。

---

① 陆军. 中国城市管理的现代化演进（2001—2021）[J]. 北大政治学评论，2021（2）：199-238.

3.1 风貌专班组织架构

城乡风貌整治提升工作开展后，在浙江省美丽浙江建设领导小组下设立了浙江省城乡风貌整治提升工作专班（简称"风貌专班"），统筹推进城乡风貌整治提升和未来社区建设工作，专班办公室设在浙江省住房和城乡建设厅，实行实体化运作。风貌专班紧扣"整体大美、浙江气质"这一主题，把原来分散在各个条线部门的未来乡村、未来社区、美丽城镇等工作集合起来，有序推进共同富裕现代化基本单元建设。

风貌专班集合了浙江省委组织部、浙江省委宣传部、浙江省发展和改革委、浙江省住房和城乡建设厅、浙江省农业农村厅等 28 家省级成员单位，省级领导为总召集人和副召集人，专班人员涉及各成员单位（图 5-3）。

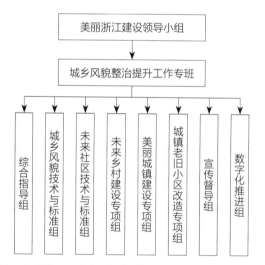

图 5-3 浙江省城乡风貌整治提升工作专班的组织架构

风貌专班办公室设在浙江省住房和城乡建设厅，浙江省住房和城乡建设厅负责专班办公室的日常工作，牵头组织推进全省城乡风貌整治提升行动、未来社区建设、美丽城镇建设和城镇老旧小区改造，协同推进未来乡村建设。同时，牵头负责组织和指导各地编制相关行动方案、专项规划，推进相关技术规范体系建设。其余部门明确分工，落实各自职责范围内城乡风貌整治提升行动的相关工作。

3.2　工作职责和分工

风貌专班办公室主要工作职责分为以下 5 个方面：①执行省城乡风貌整治提升（未来社区建设）工作专班的决策部署，承担省城乡风貌整治提升（未来社区建设）工作专班的日常工作；②负责实施全省城乡风貌整治提升和未来社区建设工作的组织、计划、指导、协调、实施、宣传、学习、检查和考核工作；③负责制定和完善城乡风貌整治提升和未来社区建设工作的相关政策、监督检查、考核评价等具体办法，并组织实施；④负责做好城乡风貌整治提升和未来社区建设工作有关数据的调查、统计、分析及数字化推进等工作；⑤及时研究并提出深入推进城乡风貌整治提升和未来社区建设工作的有关政策意见、工作建议。

风貌专班办公室内设综合指导组、城乡风貌技术与标准组、未来社区技术与标准组、宣传督导组、数字化推进组 5 个城乡风貌相关工作组。

综合指导组负责落实全面从严治党要求，加强办公室党支部建设；负责办公室日常工作的组织协调、人事教育和管理、日常管理和对外联络；牵头协调各类资源保障，指导项目建设落地推进工作；研究制定城乡风貌整治提升和未来社区建设组织推进机制和办公室的日常工作制度；负责重要文件、领导讲话、综合性材料，工作专报的起草、审核和印发报送；负责重大会议的会务工作和后勤保障；负责收发文登记和档案管理工作；统筹协调其他各组开展工作。

城乡风貌技术与标准组主要负责建立服务指导机制，及时开展技术指导、学习交流、教育培训等活动，加强对全省城乡风貌整治提升的技术支撑和指导；做好重大课题研究，建立健全城乡风貌相关标准体系；牵头协调全省城乡风貌整治提升专家服务机制的建立和管理工作，发挥技术指导和支撑作用。

未来社区技术与标准组主要负责建立服务指导机制，及时开展技术指导、标准制定、学习交流、教育培训等活动，加强对全省未来社区建设的技术支撑和指导；加快未来社区项目建设进度，推动项目和场景落地见效；指导和推动未来社区有效运营；协调落实全省城镇社区专项规划编制；指导各地在城乡建设全过程中落实未来社区理念；做好重大课题研究，加快研究制定适应全域推广的建设技术政策，与各部门做好政策对接，健全未来社区相关标准体系。

宣传督导组主要负责宣传引导工作，组织、指导各地新闻媒体及时采访报道典型经验和先进做法，强化舆论导向；负责工作简报、动态信息的起草、编发工作；负责各种宣传资料的整理、保存和归档等工作；负责组织开展检查督导、综合评价工作，制定相关工作制度，及时统计并掌握各地进展情况。

数字化推进组主要将数字化改革的有关要求融入城乡风貌整治提升和未来社区建设的全过程、各领域，负责数字化标准规范等制度体系的系统梳理和整体谋划，负责数字化管理平台的建设、运行和管理工作。

第六章

城乡风貌整治
提升的标准体系

城乡风貌整治提升行动作为一项集合了浙江 20 多年来人居环境建设成效的综合工程，如何切实有效地开展这项工作，是摆在风貌专班面前的首要问题。发现现存问题、统一建设方向、设定考核标准，是在全面开展城乡风貌整治提升行动之前需要深入研究和回答的问题。为此，风貌专班在深入全省调研的基础上，对城乡风貌整治提升行动方案的编制、样板区建设的评价等，均制定了详细的导则、规定和指南，并在城乡风貌建设工作的推进过程中不断纠偏，为城乡风貌整治提升工作的顺利开展提供了技术体系保障。本章将从技术指南、正负清单、技术规定、验收评价 4 个方面，总结浙江省城乡风貌整治提升的标准体系（图 6-1）。

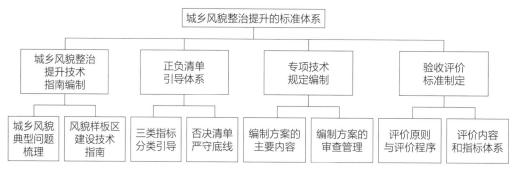

图 6-1　浙江省城乡风貌整治提升的标准体系

1
城乡风貌整治提升技术指南编制

城乡风貌管控不力的主要原因在于控制手段和控制程序不足，评价标准和评价体系不一，相关法规管控不力。控制手段和控制程序不足，导致了以控制性详细规划为主的控制手段着重于地块指标的确定，而弱化了风貌相关方面的控制；评价标准和评价体系不一，使得规划控制意图难以贯彻，建设主体对风貌控制要求视而不见、管理部门也难以实际评判实施与否，控制性详细规划引导性指标的目的落空；相关法规管控不力，导致了对建筑主体不落实风貌管控要求的行为难以追责，城乡的公共利益、公共品质被轻视。

针对目前城乡风貌管控中出现的种种问题，为加强对地方城乡风貌整治提升工作的技术指导，风貌专班组织编制浙江省城乡风貌整治提升技术指引系列，包括典型问题篇、优秀案例篇及技术指引篇等。按照"省级出指引、地方出细则"的编制思路，省级层面主要梳理典型问题、优秀案例，给出技术指引，地方则聚焦公共空间、建筑导控等方面的主要问题出具细则。

1.1　城乡风貌典型问题梳理

1.1.1　问题导向的体系建设

2003 年开始的美丽浙江历程取得了巨大成就，但在城乡建设与自然关系、建筑风貌、历史保护、文化彰显、品质品位方面还存在一定不足。城乡风貌整治提升的技术指引工作正是以问题认识为起点而开展的。在具体的工作中，浙江省针对城乡风貌建设和城市风貌建设分别进行了大量的实地调查研究，梳理出系列问题，作为风貌整治提升需要重点解决的问题，为后续工作的开展奠定了基础。

1.1.2　城乡风貌的典型问题

为更好地形成城乡风貌整治提升的技术指引体系，在梳理全省现状风貌的基础上，相关技术团队对城乡风貌建设存在的主要问题进行了概括，主要有以下四大方面：

一是城市与自然山水融合不够。①浙江省的城市具有优良的自然山水本底，但在过去的城市发展中存在城市无序挖山填河、生态廊道被随意占用等情况，导致了山水本底特色优势无法发挥；②重要山体、水体周边及景观视廊沿线的建筑体量缺乏管控，山水之城看不到山、望不见水（图 6-2）。

二是建筑风貌整体协调性不够。①浙派建筑的特色彰显不足，欧式风格蔓延和传

图 6-2　城市与自然山水融合不够
来源：浙江省城乡风貌整治提升工作专班办公室

统建筑符号生搬硬套（如小高层加马头墙等）；②建筑布局混乱，工业居住混杂，造成城市功能紊乱；③建筑色彩杂、造型乱，风貌协调性差，一些高层建筑突兀生硬，城市天际线缺乏节奏感，高度对比过于强烈，或与周边环境不协调（图6-3）。

图6-3　建筑风貌整体协调性不够
来源：浙江省城乡风貌整治提升工作专班办公室

三是公共空间艺术塑造不够，包括重要节点、街道/滨水界面和公共环境艺术3个方面。①一些城市的门户、广场、公园等重要节点设计和建设品质不高，存在景观轴连续性差、城市标志建筑不清晰等问题；②一些街道缺乏界面的统一管控，难以营造出连续景观效果；一些滨水空间岸线硬化度过高，自然景观植被破坏，缺少活力休闲空间；③公共环境艺术品建设滞后，能够反映历史文化、时代精神的城市雕塑精品少，城市家具的艺术性不足（图6-4）。

四是村镇风貌的管控引导不够，主要表现在点和面两个层面。①农房成为村镇风貌的短板，存在高度不统一、风格不匹配、色彩不协调等问题，虽然开展了农民建房"一件事"审批改革，但农房的质量安全管理和风貌管控仍然欠缺；"浙派民居"建设和地域风貌特色塑造仍需加强；②在城乡接合部、交通沿线、村庄周边等区域，仍不同程度地存在"脏乱差"现象，环境综合整治亟待提质（图6-5）。

图 6-4　公共空间艺术塑造不够
来源：浙江省城乡风貌整治提升工作专班办公室

图 6-5　村镇风貌的管控引导不够
来源：浙江省城乡风貌整治提升工作专班办公室

1.1.3　城市风貌的典型问题

为加强对地方城乡风貌整治提升工作的技术指导，风貌专班组织编制了《浙江省城市风貌整治提升技术指引》，对城市风貌建设过程中较突出的部分问题进行了梳理，并提出了相关技术建议。城市风貌十大问题包括：街面不连续、入城口平淡、无趣的广场、肥胖的交叉口、店招"一刀切"、城遮山、水难亲、突兀的高层、大板楼遮挡、公共环境艺术贪大求怪（表 6-1）。

城市风貌十大问题总结　　　　　　　　　　表 6-1

街面不连续	①生活性街道界面破碎不连续：部分生活性街道沿线建筑街墙破碎不连续，难以形成高品质街道空间，导致街道缺乏凝聚力，街道活力不足；②街道与建筑沿线缺乏一体化设计，街道空间和建筑退线空间权属不同，与停车、绿化、市政空间缺乏一体化设计，影响行人使用体验，带来安全隐患
入城口平淡	①入城门户选址缺乏针对性设计，与周边自然地貌融合不足；②入城口公园布置无人使用的健身设施和活动场地，既不妥当，又造成浪费；③入城大道缺乏景观设计和环境管理，品质不佳，缺乏城市特色和识别性
无趣的广场	①城市广场与生活空间割裂，城市广场与生活功能空间被城市道路分割，导致广场缺乏商业休闲活动，难以集聚人气；②广场空间设计单一，设计手段简单粗暴，通过大规模铺地、树阵等形式打造广场空间的仪式感；③缺少城市家具：城市广场缺乏座椅、城市标识系统、娱乐设施等，难以吸引人群在广场停留；④存量空间挖掘不足，多为新建的城市广场
肥胖的交叉口	①交叉口肥胖导致交通组织混乱；②增加人行过街的不便，交叉口越大，过街空间距离越大，通行时间越长，行人暴露在易受碰撞环境中的风险大大增加；③破坏街道界面连续性：受视距三角形的影响，大型交叉口往往形成"四大金刚"的建筑布局，削弱街道界面的连续性和整体性；④浪费土地使用价值：街角土地商业价值最高，但大型交叉口的展宽与切角使得本可用于出让的土地纳入交通用地，造成资源浪费
店招"一刀切"	"统一店招"的街道缺乏个性与美感，整齐划一的做法难以营造更高品质的街道空间；统一规格、统一样式、统一材料的店招削弱了街道的识别性与烟火气
城遮山	①无视山体地形地貌，城市风貌没有山地特色；②沿山界面密不透风，自然景观显露不足；③重要山体周边及景观视廊沿线建筑体量缺乏管控；④建筑轮廓遮挡山体，山城轮廓缺乏韵律与美感
水难亲	①硬质驳岸处理生硬，缺乏亲水路径；②滨水空间功能单调无趣；③重要滨水视廊缺乏设计
突兀的高层	高层建筑单打独斗，不能很好地结合城市天际线，建筑风格上缺少现代与传统的协调统一，建筑的尺度、风格与周边场地不和谐统一，建筑景观混乱
大板楼遮挡	连续界面较长，立面一般较枯燥乏味，尤其在山边、水边的建筑易遮山挡水
公共环境艺术贪大求怪	①缺乏文化自信，贪大、媚洋、求怪等乱象层出不穷；②缺乏品质追求，有商品、有产品，但没有艺术品

1.1.4　乡村风貌的典型问题

在对全省各地乡村全面调研的基础上，风貌专班编制的《浙江省县域风貌整治提升技术指引》系列中，梳理了 10 个较突出的乡村风貌典型问题，并提出整体优化方向和相关技术指引，图文并茂地指导全省乡村风貌整治提升工作。同时，在实际工作中，风貌专班要求各地结合实际情况，发挥主观能动性，因地制宜地制定符合当地特点的具体整治措施，形成具有本土特色的乡村风貌。

①呆板的布局：村庄布局与自然环境不和谐，村庄建设密度过高，新村布局形态机械单一；②无序的交通：乡村停车设施不足，农房紧邻交通干道，交通管控不足；③突兀的农房：农房风格不协调，体量过高过大，外部附属设施杂乱等；④杂乱的庭

院：庭院空间与功能杂乱，围墙高实且不统一，宅间空地杂乱等；⑤低效的公共建筑：村庄公共建筑使用率不高，老旧公共建筑破败荒废，缺乏对"一老一小"的关注；⑥不和谐的环境：过度景观化的乡村绿化，缺少乡土韵味，过度的夜景亮化，景观小品设置不当等；⑦特色文化彰显不足：雷同的乡村入口，地域文化场景彰显、文化保护及活化不足等；⑧不合理开发的农田：农田用途随意更改，农田基础设施建设水平低下，景观化农田开发过度；⑨不生态的水系：水系不连通，驳岸过度硬化，水环境破坏等；⑩破损的山体：山体破损，林相单一，部分建设行为破坏山体。

1.2　风貌样板区技术指南

1.2.1　省级出指引、地方出细则

为全面提升浙江省的城乡风貌建设水平，切实加强对县域风貌样板区建设的规范引导，科学指导浙江省乡村地域风貌特色的有效保护与传承发展，风貌专班组织力量，制定了《浙江省县域风貌样板区技术指南》（简称《技术指南》）。

《技术指南》要求县域风貌样板区的整治提升工作将"以人为本、整体协调、特色彰显、系统治理、示范引领"作为总体原则，并提出了"九措固本"和"五彩聚合"两大总体目标。省级指引层面按照"省级出指引、地方出细则"的基本原则，聚焦典型问题、优秀案例和技术指引三大方面，而对于公共空间和建筑管控的具体要求，则交给地方自行编制。《技术指南》抓大放小，在起到引领作用的同时，充分发挥地方特色。

1.2.2　范围强联动、目标导评价

《技术指南》对全省县域风貌样板区的建设作出了具体的范围要求。浙江省的县域风貌样板区一般由地域邻近、具有示范效应的美丽城镇、美丽乡村串联组成，其中美丽城镇不少于2个（原则上包含1个美丽城镇省级样板），美丽乡村不少于4个（原则上包含1个"浙派民居"特色村或传统村落、1个乡村新社区）。《技术指南》中提出的创建要求可以保障风貌整治提升工作能够实现美丽县城、美丽城镇、美丽乡村等串珠成链、联动发展、因地制宜、点面结合，打造形成"新时代富春山居图县域样板区"。

城乡风貌样板区建设的基本要求为：县域风貌样板区整治提升要达到以"十个一"为标志的基本要求。"十个一"包含：一个整洁有序和生态良好的环境基地，注重蓝绿空间的生态价值保护和利用；一个美丽田园为代表的大地景观，注重土地综合整治和塑造因地制宜的农业大地景观；一条可游、可赏、可达的美丽公路，注重美

丽经济交通走廊的创建；一个体验山水人文的绿道网络，注重融合生态保护、历史人文和休闲游憩等功能；一个以人为本的生活服务圈，注重多层次的服务设施配套；一个因地制宜发展的特色产业，注重发展本地优势产业；一个鲜明的文化标识（品牌），注重地方文化内涵挖掘和文化品牌塑造；一个美丽城镇省级样板（或4A级及以上景区镇），持续推进美丽城镇建设工作；一个"浙派民居"特色村或传统村落，注重引导"浙派民居"特色村和传统村落建设，全面推进乡村文旅运营；一个落实未来社区理念的乡村新社区，注重以未来社区理念推进乡村新社区建设。"十个一"行动引领方式的创建要求为创建阶段验收评价标准的制定奠定了基础，可以较好地呼应目标。

1.2.3 注重系统集成

城乡风貌整治提升工作强调要由点及面，注重系统集成。①强调线上联系：在进行城乡风貌整治提升工作前，浙江省美丽乡村、美丽城镇等"点"上工作已颇有成效，下一步需串点成线、连线成面进行整体提升，因此《技术指南》将"联动发展、点面结合"作为核心发展要求；②注重部门协同：原来分属不同管理部门的条线工作，可以在城乡风貌整治提升行动中予以整合，可以促进系统治理，加强自然资源厅、水利厅、交通运输厅、农业农村厅和风貌专班之间的部门联动；③考虑系统统筹：从城乡—自然—人文整体格局的保护和塑造角度出发，从原来的打造一处景观转变为形成一幅"大美画卷"，使得城乡风貌、生态空间、大地景观、环境艺术、地域文化和历史保护整体协调、特色彰显。

1.2.4 注重梯次推进

城乡风貌整治提升工作强调要由基础到提升，注重梯次推进。①以补短板为基础，通过三整治（山林、农田、水体整治）、三清理（乱堆、乱搭、乱拉清理）、三加强（垃圾、污水、公厕革命）九项举措，巩固县域风貌样板区干净、整洁的本底基础，这也是"九措固本"的本质内涵；②在此基础上注重特色的塑造，以人为本、整体协调，高品质打造县域风貌样板区绿色自然生态带、蓝色休闲滨水带、紫色宜居人文带、橙色畅联交通带和红色活力产业带的"五彩聚合"带，塑造根植地方特有自然环境和文化基地，满足老百姓对日益增长的美好生活需要的向往，创造"各美其美、美美与共"的县域风貌样板区；③以山林要素为例，从山林整治，到林相美化，再到山林经济，便是一种以山体要素为核心的梯次推进；以水体要素为例，从污水整治、河道贯通，到滨水绿道，再到活力空间，也是一种以水体要素为核心的梯次推进。

1.2.5　注重农房风貌

城乡风貌整治提升工作也强调要以简驭繁，注重农房风貌提升。农房风貌是县域风貌样板区建设的重要组成部分。在明确地域自然地理特色与建筑文化分区（浙北、浙南、浙西、浙东、浙中）的基础上，强调细化要素清单（包括屋顶、单体形态、色彩、山墙、门窗及细部装饰、材质），强调因地制宜推荐典型做法，并通过农民建房"一件事"审批，落实农房风貌管控。

1.2.6　注重功能完善

《技术指南》强调样板区建设要由表及里，注重功能完善，打造共富路径。城乡风貌整治提升工作不仅是外表的靓化，更是内生活力的提升，从格局肌理、自然基底、建筑风貌和空间环境着手，目的是显文化、优设施、营产业和塑场所。①通过挖掘文化特色、分类保护资源，活化利用文化遗产、打造旅游线路，加强各类旅游配套设施，实现文化的彰显；②通过加强镇村生活圈体系建设，建构多层次的区域交通联系，完善各类配套公共服务等措施，引导设施优化；③结合样板区的自然资源禀赋与产业基础，发展适合地方的特色产业（特色农业型、文化旅游型、产业集聚型、创新业态型）；④通过乡村新空间和乡村新景观引导塑造新空间。

2
正负清单引导体系

城乡风貌样板区建设全面实施"正面+负面"清单管理，高标准落实安全、绿色、低碳、智能、节俭等要求，确保经得起实践和历史的检验；同时，建立了退出机制，达标公布后的样板区如出现负面清单中的问题并造成重大影响的，应予以摘牌。

2.1　三类指标分类引导

2.1.1　评价制度化

为更好地实现风貌整治提升工作的后续管理，风貌专班办公室在 2022 年 2 月印发了《浙江省城乡风貌样板区建设评价办法（试行）》(简称《评价办法》)，《评价办法》规定了评价对象、程序、内容、指标体系等内容，形成了科学制度化的评价方式。《评价办法》将城乡风貌样板分为"城市风貌样板区"和"县域风貌样板区"两类对象，通过三类指标实施评价。

2.1.2　指标差异化

城乡风貌样板区的评价通过区分基础性指标、特色性指标和创新性指标三类指标，实现差异化的引导。①在"城市风貌样板区"的建设评价中，基础性指标强调的是刚性要求和底线控制，注重自然本底和城市韧性等方面，结合城市新区、传统风貌区、特色产业区三类样板区的共性内容设置，整体包括绿色低碳、魅力形象、和谐宜居和工作绩效 4 个一级指标，绿色环境、低碳环保、韧性安全等 6 个二级指标；特色性指标针对样板区的不同特征，聚焦"n 个一"设置不同评价内容的具体指标；创新性指标针对在新基础设施建设、制度创设、典型做法等方面有突出创新的案例予以加分奖励。②在"县域风貌样板区"的建设评价中，基础性指标包括生态优良、风貌协调、设施完善、工作绩效 4 个一级指标，和绿色环境、人工与自然协调等 7 个二级指标；特色性指标聚焦样板区"十个一"标志性项目的建设成效；创新性指标针对在制度创设和典型案例方面有突出创新做法的案例予以奖励。

在"城市风貌样板区"建设评价的特色性指标中，按照类别提出了各具特色的指标引导。①城市新区样板区的特色指标包括：一处重要的公共建筑、一座高品质的城市公园、一个魅力的城市门户、一条宜人的魅力绿道（慢行道）、一条活力的特色街道、一套畅通的慢行系统、一个活力共享的广场、一个立体空间利用案例、一个鲜明的文化主题（品牌）、一个未来社区建设案例、一个海绵城市建设案例、一套数字化的公共治理平台等；②传统风貌样板区的特色指标包括：一处代表性的公共建筑、一座文化特色突出的休闲公园、一处宜人尺度的活力广场、一条有风韵的特色街道、一个宜人的慢行系统、一套适应性基础设施建设案例、一个鲜明的文化主题（品牌）、一个未来社区建设案例、一套数字化的公共治理平台等；③特色产业样板区包括：一处代表性的特色建筑、一处宜人尺度的活力广场、一处精致的休闲绿地、一个特色化建筑改造案例、一项创新活力的特色产业、一个鲜明的文化主题（品牌）、一套数字化公共运营平台等。

2.2　否决清单严守底线

2.2.1　一票否决严格执行

针对形成重大城市运行安全事故和舆情等内容形成一票否决清单，若出现重大安全事故、重大历史文化保护破坏事件、生态环境破坏、重大毁林毁绿事件或违法建设等情况，则取消该年的评价资格。否决清单管理模式也应用到了后续的建设管理中，达标公布后的样板区如出现负面清单中的问题并造成重大影响的，予以摘牌。

2.2.2　否决清单因地制宜

在样板区建设过程中，针对"城市风貌样板区"和"县域风貌样板区"提出了关注重点有所差异的否决清单，在否决清单中因地制宜地提出了各有侧重的评价办法。

"城市风貌样板区"强调，如果发生重大安全事故、重大历史文化保护破坏事件或违法建设情况等，则取消该年的评价资格。其中重大安全事故指的是发生重大人员伤亡或有较大舆情的燃气爆炸、路面塌陷、城市内涝、桥隧事故、污水入河、供水安全等影响城市运行的重大安全事故。而针对"县域风貌样板区"的评价，则更关注生态环境破坏、重大毁林毁绿事件等。

此外，否决清单的关注重点仍存在一定细节上的差异。①在重大历史文化保护破坏事件方面，"城市风貌样板区"中重点关注是否发生拆除重要文物古迹、历史文化街区等重大破坏事件；"县域风貌样板区"中主要关注是否对省级以上历史文化街区、历史文化名镇名村、传统村落历史格局和风貌破坏，文物损毁等严重违规违法事件。②在违法建设方面，城市层面重点关注未进行整治整改的新增违法建筑，县域层面主要关注违规违法占用永久基本农田和生态红线，且未整改到位的情况。

3

专项技术规定编制

为推进全省城乡风貌整治提升工作，规范市、县（市、区）城乡风貌整治提升行动方案的编制内容和技术深度，风貌专班组织制定了《浙江省市、县（市、区）城乡风貌整治提升行动方案编制导则（试行）》（简称《编制导则》）。各地编制方案的主体内容在《编制导则》的引领下，形成了相对规范的行动方案。

3.1 编制方案的主要内容

《编制导则》要求各地在《城乡风貌整治提升行动方案》（简称《行动方案》）中要明确以下内容：①方案编制的发展背景、宏观政策、地方战略；②写明编制范围与期限，要求涉及两个层次，即市辖区（市本级）和中心城区，县域和中心城区；要求规划期限应与国民经济和社会发展五年规划保持一致，并兼顾中远期；③在提出"规划引领、整体协调""特色彰显、文化传承""未来导向、系统治理"和"全域统筹、全面提升"四大原则的基础上，增加因地制宜的规划原则；④方案编制要求与相关规划有所衔接；⑤对行动方案提供技术支持，列出调研清单和所需的基本图纸等资料。

3.1.1 风貌评估、问题导向

风貌评估为编制行动方案的首要工作，要能够总结风貌特色、发现重点问题。《行动方案》在编制时，要从自然风貌、建设风貌、社会风貌3个方面对县域范围和中心城区范围的现状特征和存在问题分别进行调查和分析（具体内容详见附录），并开展居民城乡特色认知与环境满意度调查，确定市民诉求，最后结合总体情况概述、现状特征总结、市民诉求确定评估结论。风貌评估结论需总结提炼当地风貌特色禀赋和价值元素，从县域和中心城区两个层次提出城乡风貌短板问题和近期《行动方案》重点需要解决的问题。成果表达由方案文本、图集和项目库表组成，其中特色资源分布图表达全域范围内的自然环境、历史人文环境、空间环境等各类特色资源分布，综合现状图综合反映城乡现状用地布局、道路交通及城镇村分布等内容。

3.1.2 明确定位、提出格局

借鉴同类案例，得出风貌目标定位，确定风貌总体格局。《行动方案》需要提出风貌提升的总体目标和形象定位，且该定位应主题突出、特征鲜明，体现地域内涵。

城市风貌总体格局包括城市自然格局保护和优化、城市风貌框架和特色体系的构建。通过"点线面"相结合的方式，识别蓝绿廊道，梳理城市重要的轴线和景观廊道；明确城市风貌分区；明确城市门户、地标等重要节点；提出建筑风貌、城市色彩、公共艺术、夜景照明等引导要求。成果表达上要绘制中心城区风貌格局规划图，表达中心城区景观风貌的优化意图和布局结构。

县域风貌总体格局包括山水空间融合、自然景观塑造、风貌轴线廊道组织、城镇形态控制、乡村特色魅力空间展现等内容。成果表达上要绘制县域风貌结构规划图，表达城乡总体景观风貌格局的优化意图和布局结构。

3.1.3 聚焦重点、整治提升

在中心城区范围，《行动方案》需要对以下重点区域进行逐一分析，提出相应要求、空间分布和整治方向，主要包括：①城市与自然山水环境有机融合的重点整治区域和整治措施；②城市入城门户、重要公共空间、地标节点、重要眺望点、城乡接合部等近期重点整治提升节点的空间分布与整治提升方向；③对城市特色街道、沿山滨水空间、绿带绿道等重要轴线和景观廊道的空间分布进行梳理，并提出风貌整治提升要求，明确近期重点整治的内容和方向；④结合城市特色和近期"点线面"提升项目，组织风貌游线，有机串联城市风貌标志性节点和特色区域。成果表达要绘制城市风貌整治提升重点区域规划图，表达城市风貌整治提升重点区域分布、重点区域风貌提升措施和建设指引等。

针对城市风貌样板区，《行动方案》提出创建建议，作为各地区推进自主申报风貌样板区的工作依据，合理确定样板区的范围和建设要求。①《行动方案》需结合方案中确定的风貌总体格局框架，找到重点整治区域，提出各区域的整治提升指引；②在确定的重点整治区域中，选择拟建设城市风貌样板区的对象及范围，《行动方案》需予以明确落实；③《编制导则》对每类风貌样板区的范围大小、选择依据、目标均给出了建议；《行动方案》的编制需参考相关要求，比如城市新区类风貌样板区的面积不小于50公顷，宜具有一定的中心区位，范围内应包含一个落实未来社区理念的建设案例等；④《编制导则》要求《行动方案》按照样板区的创建标准提出风貌整治提升行动建议，列明行动清单；⑤《编制导则》为三类城市风貌样板区明确了各自特色：城市新区类风貌样板区要特色鲜明、现代化气质凸显、建设品质较高等，要从建筑组群、天际线、城市轴线、重要景观界面、第五立面、公共空间、公共艺术、城市色彩等方面，作出风貌提升指引，用于后续的建设管理；传统风貌类风貌样板区从空间格局、街巷肌理、街道立面、节点景观、建筑风貌、标识标志等方面提出要求，并落实相关保护规划；特色产业类风貌样板区要有创新活力的特色产业，《行动方案》要从空间布局、建筑组群关系、重要景观界面、公共空间、公共艺术、功能业态等方面提出要求。

对于县域范围来说,《行动方案》需要从以下四方面提出相应的风貌整治措施。①县域自然格局保护和优化:需要结合全域土地综合整治工作,提出能够突出两山转化与农文旅融合导向,发展美丽经济的,山林、农田、河湖的相关措施和风貌整治提升方向;②县域基础设施提升:需要提出县域综合交通、市政基础设施的城乡一体化建设要求,深化垃圾、污水、厕所"三大革命";③县域公共服务设施:需要明确能够进一步提升30分钟村镇生活圈建设的措施和重点项目;④乡村建筑风貌塑造提出:需要提炼地域乡村传统建筑的特色元素,明确"浙派民居"在地化建设意向,抢救保护修缮一批历史建筑、传统民居。成果表达要绘制县域风貌整治提升重点建设项目分布图,表达县域风貌整治提升近期重点建设项目位置、范围以及控制要求等。

针对县域风貌样板区,《行动方案》需提出一批县域美丽风景带,在县域美丽风景带中选择确定拟建设县域风貌样板区的对象及范围。①依托沿路、临河、环山等特色带状空间,确定县域美丽风景带的布局和范围,提出各条县域美丽风景带的建设指引;②样板区可依托自然山水、道路交通、产业发展、特色文化、田园景观等串珠成链,形成面状或带状的连续性区域,对照《浙江省县域风貌样板区技术指南》,结合地方及区域实际,对环境基底、大地景观、美丽公路、绿道网络、"浙派民居"等提出引导措施,明确近期重点建设项目。成果表达要绘制县域美丽风景带规划图,表达县域美丽风景带规划布局,及其串联的美丽城镇、美丽乡村节点以及美丽风景带的提升措施和建设指引等。

3.1.4 实施保障、项目清单

《行动方案》的编制需要明确城乡风貌整治提升行动的目标,要形成一批城乡风貌整治提升的标志性成果,同时形成具有浙江特色的城乡风貌建设管理模式,因此《行动方案》需要囊括实施保障和项目清单两方面内容。①根据风貌整治提升行动方案,结合地方发展实际,制定相应的实施保障机制,包括工作推进机制、风貌管控机制、要素保障机制等具体内容;②分门别类梳理近期重点实施的项目清单,包括项目类别、项目名称、建设内容、建设期限、拟投资金额、责任主体等信息;③确定年度推进计划,对近五年实施内容按年度进行清单化管理,提出实施举措;④针对拟建的样板区,要将重点项目按照区域和类别进行项目库制定。成果表达要绘制风貌整治提升重点项目分布图,表达风貌整治提升近期重点建设项目的位置、范围以及控制要求等。

3.2　编制方案的审查管理

3.2.1　委托技术方编制方案

《编制导则》对《行动方案》编制的审查管理作出了机制设计。①城乡风貌整治提升行动方案组织编制工作由市、县（市、区）城乡建设主管部门具体负责；②具体的编制工作应由建设主管部门委托具有相应资质和技术能力的单位承担编制任务；③市、县（市、区）城乡建设主管部门牵头，对行动方案编制中的重大问题进行综合协调和论证，最终形成《行动方案》。

3.2.2　审查、批准、备案三步骤

《行动方案》的审查管理需要经过审查、批准和备案 3 个步骤。①设区市的城乡风貌整治提升行动方案由省风貌专班负责审查，县级城乡风貌整治提升行动方案由设区市负责审查；②审查通过后的行动方案报本级人民政府批准实施；③批准实施的行动方案统一备案至省城乡风貌整治提升工作专班。

3.2.3　多样的公众参与方式

城乡风貌整治提升行动方案的编制过程鼓励采取灵活多样的意见收集方式，如问卷调查、座谈、现场体验、媒体等，鼓励采取互联网和移动端等技术工具，拓宽信息收集途径，提高公众参与的广度和深度。

4

验收评价标准制定

《实施方案》中提出，对列入建设名单的城市风貌样板区和县域风貌样板区，建设主体应及时组织编制样板区建设方案，并报省城乡风貌整治提升工作专班审查。样板区建设方案应符合控制性详细规划及相关法定规划、城市设计，并在规划实施过程中予以落实。建立城乡风貌整治提升评价机制，定期进行检查评估。结合未来社区理念贯彻落实，开展"比学赶超"活动，对如期完成建设任务的，由建设主体提交验收申请报告，由省城乡风貌整治提升工作专班组织开展综合评价。

4.1 评价原则与评价程序

4.1.1 评价原则的引领性

为更科学地进行风貌样板区建设的验收工作，省风貌专班通过《浙江省城乡风貌样板区建设评价办法（试行）》（简称《评价办法》），确定了较为统一的验收评价标准。标准制定中提出了以下几点原则。①突出底线管控，分类提升。注重落实基础性指标的刚性要求，擦亮自然环境底色、确保城市韧性安全；分类施策，因地制宜地落实特色性指标要求，塑造根植地方特有环境基底、"各美其美、美美与共"的城乡风貌样板区。②突出特色彰显，整体大美。注重挖掘和传承地域特色文化，严格保护历史文化名城、名镇、名村等文化遗产资源；注重浙派建筑、浙派园林等地域特色的彰显，突出文化传承和现代营造的有机统一，着力增强"重要窗口"的风貌辨识度，展现浙江的特有气质。③突出未来导向，系统治理。注重以未来社区理念为指引，以人为本，与功能完善、产业升级、生态提升、治理优化紧密结合；与未来社区、美丽城镇、美丽乡村等美丽载体建设工作深度融合、集成推进。④突出以人为本，和谐宜居。以人民为中心，以满足人民群众日益增长的美好生活需求为导向，统筹考虑生产、生活、游憩等设施的配置和布局，把城市整治提升得更宜居，把乡村整治提升得更让人向往。

4.1.2 评价程序的层级性

验收评价的程序共分为建设培育、县级自评、市级审核、省级评价、结果公布五个阶段，体现出了省、市、县三级人民政府各司其职的层级性特征。①建设培育自主性强。以项目所在县（市、区）人民政府为建设主体，明确实施主体，负责编制样板区的申报材料；每年由建设主体自愿申报，经所在设区市人民政府审核，由浙江省城乡风貌整治提升工作专班比选核定后列入建设名单。②市、县两级人民政府要进行自评和审核，将自评报告与审核报告报浙江省风貌办；③浙江省风貌办组织开展省级样板区综合评价，经资料审查、现场检查和满意度测评，形成评价报告；对综合评价达标的样板区，由浙江省风貌办公布结果，并在其中择优选出"新时代富春山居图城市样板区"和"新时代富春山居图县域样板区"，经省委、省政府同意后公布。

4.2　评价内容和指标体系

4.2.1　行动指引、突出特色

通过行动指引的方式确定特色性指标。在评价导向中，风貌样板区的验收评价标准由评价标准体系和具体行动指引两大核心内容构成。特色性指标以"n 个一"的方式进行了细化引导，将行动指引纳入标准体系，同时兼顾有无与优良，如在价值引领上注重人本、生态和数字三大方面，通过行动指引进行了回应；以落实数字发展理念为例，《评价办法》针对城市风貌样板区，以行动指引方式提出了"一套数字化的公共治理平台 / 公共运营平台"的建议，并将具体的评价内容细化为：接入城市大脑或类似数字化治理平台得 3 分；包含智慧交通、管线安全运行、风貌数字化管控等场景应用的，每有 1 项得 1 分，最多得 2 分。这种结合引导目标所制定出的评价标准，可以对行动指引予以回应，并细化了评价内容（详见附录的《评价办法》文件）。

4.2.2　系统集成、协同评价

协同各条线上的工作推进，《评价办法》的评价内容和指标体系制定是在原有工作基础上的集成与整合。在确定评价标准时，《评价办法》对自然资源厅、水利厅、农业农村厅、交通厅、住房和城乡建设厅、文化和旅游厅、林业局和生态办等相关部门正在推进的条线工作要求予以整合。

对现有工作的整合是评价内容和指标体系的核心工作方法。①例如，将农业农村厅的现有工作——百个"最美田园"评选纳入到评价体系中，县域风貌样板区的特色性指标中包括了"一个集中连片的美丽田园"，若获得省级"最美田园"称号，则该项可直接获得满分；再如，将各项指标评价与原来各部门条线工作紧密结合，共同作出评价。②例如，林业部门负责考评"一个生态宜人的美丽山林"，水利部门负责考评"一个自然和谐的美丽河湖"，农业农村部门负责考评"一个集中连片的美丽田园"等。

4.2.3　科学评价、加减结合

3 类正向指标与 1 个负面清单相结合，结合问题检查模式，实行得分与扣分并存的方式，实现能够落实价值取向的科学评价。科学的验收评价标准由基础性指标、特色性指标和创新性指标三类指标及否决清单四部分构成。综合得分为"城市风貌样板区"的总体评价结果，样板区的综合得分 = 基础分（80 分）+ 特色分（80 分）+ 创新分（40 分），满分 200 分，其中基础分由 3 级指标构成。每一项评价标准还设置了扣分项，比如在"县域风貌样板区"的"厕所革命"这一指标中规定，"发现一处露天公厕、旱厕、棚厕扣 1 分，扣完即止"。

各项分数权重不同，以问题和发展诉求为导向，合理设置分数权重。①"城市风貌样板区"基础分的一级指标包含 4 个方面：绿色低碳 20 分、魅力形象 15 分、和谐宜居 25 分、工作绩效 20 分；在绿色环境中，山水基底占 4 分，蓝绿廊道占 2 分；在设施便捷中，公共设施覆盖情况占 10 分，管线秩序占 2 分等，体现了对不同方面的重视程度有所差异。②"县域风貌样板区"基础分的一级指标包括：生态优良 15 分、风貌协调 20 分、设施完善 25 分、工作绩效 20 分，且各项指标的分数权重有所差异，如在绿色环境中生态修复与建设占 7 分，而水质达标率只占 4 分等。③针对"城市风貌样板区"的不同分类，特色性指标的分值也存在较大差异：城市新区类样板区以每项 10 分为主，海绵城市建设和公共治理平台两项各占 5 分；传统风貌区类样板区涉及人文导向的指标以每项 15 分为主；特色产业区类样板区在"一项创新活力的特色产业"这一要求中满分为 20 分。

《评价办法》取某几项指标的最高分计分，这种无须面面俱到的评价方式，赋予评价标准一定的灵活性。在特色性指标中，有些项目被分为一组，可以取其中几项的最高分计分。如针对"城市风貌样板区"的特色产业区类型，在特色性指标评分中，取"一处代表性的特色建筑""一处宜人尺度的活力广场""一处精致的休闲绿地""一个特色化建筑改造案例"这"4 个一"中分数最高的 3 项计分。采用了较为灵活的打分方式，也是为了能够鼓励特色、避免过于刚性的验收标准，防止导向了一种应试化的创建模式。通过相对灵活的评价标准的建立，强调了《评价办法》中的标准制定只是为了提出入门级要求的理念。风貌样板区的创建更要注重价值引导，不仅要做好样板区的形象，更要从特色凝练与创新思考的角度兼顾样板区的内涵与功能塑造。

第七章

城乡风貌要素提升

本章以浙江省风貌建设为例，梳理了城乡自然人文要素的表达与调控，为风貌整体格局保护和塑造提供了理念及案例支持。本章内容将基于基因理论，将基本风貌要素划分为结构基因与调控基因，其中结构基因表达了地域内生的自然山水与历史文化特征，调控基因体现了城乡建设对宏观及微观风貌的塑造作用。针对每一类要素基因，本章将从风貌提升的理念以及浙江省典型案例两个维度进行解读，总结基因表达与调控的一般规律及成功经验（图7-1）。

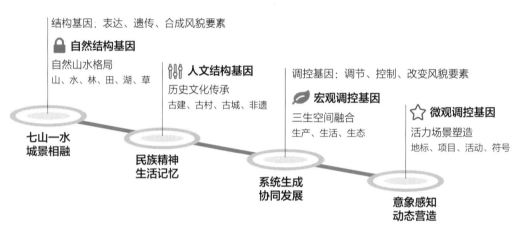

图 7-1　基于基因理论的城乡风貌要素提升框架图

1 自然山水格局保护

1.1　山林底色书写自然

浙江省所属的陆域面积中，山地占 74.6%，水面占 5.1%，平地占 20.3%，故有"七山一水二分田"的说法。浙江省的山脉自西南向东北大致呈平行的三支：西北支从浙赣交界的怀玉山伸展成天目山、千里岗等；中支从浙闽交界的仙霞岭延伸成四明山、会稽山、天台山，入海成舟山群岛；东南支从浙闽交界的洞宫山延伸成大洋山、括苍山、雁荡山。丽水龙泉市境内海拔 1929 米的黄茅尖为浙江最高峰。天台山、天目山、雁荡山等众多山脉的海拔一般在 200 ~ 1000 米。

如何因地制宜地利用丰富的山林资源是风貌建设的重点问题。依托山地资源，城乡建筑通常坐落于背山面水之地，呈组团式分布，丰富的山地、植被资源与密集的水网系统造就山清水秀的大环境，村内"山绕田，田环村，河道穿城，水路并行"，形成整体村落特色。建筑依山而建，既可顺应地形、缓和场地的不利条件，也可借山石与梯田的概念打造出极具艺术感的画廊，最终形成横向延伸、轻盈舒展的建筑形态。山地的矿产资源丰富，如何协调山区产业发展与山林底色保护，同时依山就势打造生活宜居空间，是风貌建设面临的重点问题。

湖州安吉县、丽水缙云县利用特色山林资源升级产业，变废为宝。作为"两山"理念的发源地和率先实践地，浙江采取多项配套"组合拳"，坚定不移地践行"两山"理念，持之以恒推进生态省建设，成效显著。湖州安吉余村"两山"县域风貌样板区是中国"绿水青山就是金山银山"理念的诞生地。样板区现状风貌基础扎实，历史文化底蕴深厚，"两山"经济转化特点突出。规划紧紧围绕"竹海乡韵·共富两山"的创建主题，打造生态优良的共富特色样板，织网"绿水青山"彰显风貌本底，落实"金山银山"提振区域共富十大标志性项目。

丽水市山地资源丰富，海拔 1000 米以上的山峰有 3573 座，但受产业转型影响，资源再利用的潜力需要持续挖掘。丽水市遂昌县通过修复废弃矿山、发展矿业循环经济，实现生产废水全部循环利用，达到零排放，尾矿用于制作加气砖。深化"旅游 +矿产"，兴办红星坪温泉度假村，带动周边农家乐发展；创建的遂昌金矿国家矿山公园，公园于 2018 年接待游客 30 万人次，成为遂昌旅游的龙头企业。丽水市缙云县是著名的"石城"，遗留了 3000 多座大小各异的废弃采石场。为了更好地保护和开发岩宕资源，缙云县对其中具有代表性的 9 个废弃采石场进行了生态活化利用，通过碴土改良、原生群落的植物营造、功能性植物配套造林等手段，实现矿区生态环境的全面修复；同时对岩宕的内部空间进行微改造，形成新的网红打卡点，极大程度地提升了县域风貌区的特色和韵味（图 7-2 ）。

湖州安吉余村"两山"县域风貌样板区　　　　　　湖州安吉的山间民宿

丽水缙云县的山地资源及弃置岩宕　　　　　　丽水缙云岩宕内部的空间微改造

图7-2　山林底色书写自然案例
来源：浙江省城乡风貌整治提升工作专班办公室

1.2　河流水系提升禀赋

浙江省江河资源丰富且遍布全省。浙江省江河众多，自北而南有东西苕溪、钱塘江、曹娥江、甬江、灵江、瓯江、飞云江、鳌江八大主要水系，浙、赣、闽边界河流有信江、闽江水系，还有其他众多的小河流等。其中，除苕溪注入太湖水系、信江注入鄱阳湖水系，其余均独流入海。流域面积大于10000平方公里的河流有钱塘江和瓯江两条。

滨水区是人与自然相互作用的重要区域。城市河流作为城市景观中一种重要的生态廊道，其功能的正常实现与否关系到整个城市的可持续发展。滨水区是由水与陆地共同构成环境的主导要素，是城乡之中自然因素最为密集、自然过程最为丰富、人类活动和城市干扰又非常剧烈的区域，也是表达人类活动与自然过程相互作用的重要地带。滨水区的规划设计必须尊重城市的整体规划，必须遵循具体项目的规划原则；同时，滨水区的景观设计需要遵循环境优先的原则，必须要遵循景观生态学的概念；还要遵循文脉原则，充分融合现代与传统的美感与元素，从而打造古今互动与交流的设计理念。

衢州开化县、丽水云和县利用县域范围内的江河廊道，响应"美丽村镇"号召，**打造灵动城乡**。钱江源—马金溪以其生态环境和文化底蕴为基础，以金溪画廊的形象特色，依托诗画风光带的总体形象，通过开展碧蓝水岸美化行动、原真林田重塑行动、美丽村镇建设行动、数字化创新强化行动四大行动，形成"三山环绕、金溪画卷、一环链景、城园共生"的金溪画廊·山水长卷。丽水云和县以龙泉溪为依托，串联石塘美丽城镇和紧水滩美丽城镇，以自然山水和船帮文化为本底，凸显小顺、长汀、石浦等一批特色村庄的差异化魅力，打造"十里云河"风貌样板区，创造美丽灵动的城与乡（图7-3）。

衢州开化的金溪漫居

丽水云和的"十里云河"

图7-3　江河廊道风貌提升案例
来源：浙江省城乡风貌整治提升工作专班办公室

1.3 湖海营造和谐之美

湖海资源是浙江发展文旅产业的重要基石。浙江省主要有杭州西湖、绍兴东湖、嘉兴南湖、宁波东钱湖四大名湖，以及人工湖泊千岛湖等。因地处长江三角洲南翼，陆域面积较小，浙江的海域面积约是陆域面积的 2.6 倍，为 26 万平方公里。全省海岸线总长 6715 公里，居全国首位，包括大陆海岸线 2218 公里和海岛海岸线 4497 公里。丰富的海洋资源与广阔的湖泊给予浙江省经济文化旅游发展更为可靠的港湾。

因地制宜发展和保护湖泊和海洋资源。湖泊是城市中最宝贵的自然资源之一，是不可再生的自然遗产，应当对湖区周边环境进行生态保护，以维持湖泊原本的自然属性及完整性。在湖区建设中要做到合理的开发和利用，设计前期要对当地的气候条件、地域文化、人文因素等进行调研和考察，要因地制宜，充分发挥湖区的各种效益，尊重生物多样性，确保生态平衡，减少人为干扰。

随着我国沿海地区经济的快速发展、城市化程度的加快，各地对海岸空间的需求不断增加。要科学制定并严格实施海岸保护与利用规划，优化配置和节约集约使用海岸线资源，保护海岸线的自然、人文和生态环境。通过海岸线空间规划的引导和控制，因地制宜地确定重点建设的视觉廊道，保证海岸线的特色和魅力。

舟山嵊泗县、嘉兴南湖区将其湖海资源与自身人文历史底蕴相结合，打造美美与共的新风光。舟山市嵊泗枸杞—嵊山"山海奇观"县域风貌样板区是全国著名的舟山渔场中心，素有"百年渔场"之称。镇域内海洋旅游资源丰富，山海风光美不胜收，人文景观独具特色。县域风貌样板区试点建设工作启动以来，嵊山镇紧扣"百年渔场"的总体形象定位，因地制宜科学合理编制建设方案，围绕"渔情·渔乐·渔业"主题，加速产业迭代升级，加快产业融合发展，实现从渔业海岛向观光海岛、再向心灵港湾的蜕变。嘉兴市南湖"烟雨江南·红船圣地"城市新区风貌样板区以打造融合"红色之美、和谐之美、生活之美、人文之美、自然之美"于一体、展现整体大美南湖气质的新时代"富春山居图"为总目标，与"红船魂、国际范、运河情、江南韵"这一嘉兴城市新风貌定位相吻合（图 7-4）。

嘉兴市南湖"烟雨江南·红船圣地"城市新区风貌样板区

舟山市嵊泗枸杞—嵊山"山海奇观"县域风貌样板区

图 7-4　湖泊海岸风貌提升案例
来源：浙江省城乡风貌整治提升工作专班办公室

1.4 美丽田园产景相融

浙江省种质资源丰富，但耕地资源贫瘠。浙江省素有"鱼米之乡"之称，种质资源丰富，历史上孕育了以河姆渡文化、良渚文化为代表的农业文化。但同时，"七山一水二分田"的浙江省耕地资源呈现"三少"的特征，即耕地总量少、人均耕地少、耕地后备资源少，耕地保护形势十分严峻。因此，需要保护耕地、充分利用土地资源，使得田园美景与新兴产业充分融合，形成农业强、农村美的场景。

打造美丽田园产景融合，需保护耕地、立足本地、激发新活力。建设田园综合体需以保护耕地为前提条件，提高农业综合生产能力，在保证粮食安全的基础上，发展现代农业，推动产业融合，提升农业综合效益与竞争力；同时，要把绿色生态的理念贯穿到田园综合体的内涵中，保持农村田园生态风光，留住乡愁；要坚持因地制宜，注重维护和弘扬原汁原味的特色；立足于本地实际，在政策扶持、资金投入、土地保证、管理机制上探寻创新举措，激励创意农业、特色农业，积极发展新业态、新模式，激发田园综合体的建设活力。

丽水缙云溪山、金华浦江大畈推进农业和旅游相结合的经济发展方式。丽水缙云"溪山云行画卷"县域风貌样板区在朱潭山和千亩田园推进"旅游＋农业"。助力农旅有机融合，充分发挥强村公司作用，依托景区优势资源，有规划、有步骤地推进，以提高经济产出效益，大力发展农副产品，助力乡村振兴。金华浦江檀溪—大畈活力风情县域风貌样板区在"零工业"的前提下，不断促进农文旅融合发展，做大做强乡村产业品牌，用心破解乡村美丽经济密码。在扩大旅游接待能力的同时，推动区域协同发展，成功打响"山水大畈"旅游品牌，带动周边行政村的农副产品销售和乡村旅游发展（图7-5）。

金华浦江大畈乡的美丽田园　　　　　　　　　丽水缙云溪山

图7-5　美丽田园产景相融案例
来源：浙江省城乡风貌整治提升工作专班办公室

2 历史文化价值传承

2.1　古村古镇整体提升

浙江省古村古镇资源丰富。 浙江历史悠久，文化灿烂，名人辈出，是中华文化的重要发祥地之一。历史上人口南迁活动带来的中原文化与浙江本土的吴越文化相融合，孕育了一大批宝贵的传统古镇古村。这些历史文物丰富、历史建筑成片、保留传统格局风貌的镇和村，建设年代较早，多数已建成上百年甚至上千年，具有重要的历史地位，是美丽乡愁的重要载体，凝聚了中华民族的精神、理念和智慧。

古镇古村更新是循序渐进的过程。 古村镇的整体提升需要由表及里，注重功能完善，分类保护各类文化资源和非物质文化遗产，深入挖掘地方的历史文化遗产和社会文化特色。遵循"政府引导、村民自主，因地制宜、分类指导，传承创新、彰显特色，统筹兼顾、分步实施"的原则，活化利用乡土文化遗产，展示乡土文化特色，因地制宜，发展特色产业，塑造乡村新空间，描绘乡村新景观。

宁波慈城镇、绍兴越城区通过保护与开发相结合、以历史文脉为基底的方式，让古镇重新焕发新光彩。 慈城老城传统风貌样板区以"千年古城新韵、和美共富之窗"为主题，通过坚持保护与开发相结合、传承与创新相统一的方式，活态传承千年历史文化遗存，使得传统风貌得到了整体性保护和延续，打造出"古城格局与山水本底相映、古城记忆与创新文化相融、古城生活与未来场景相融"的新型古城风貌，同步引入文化展演、民宿经济、休闲旅游等新业态，让古城换新颜、百姓展笑颜，在共富路上奋力输出"慈城样板"。

越城"越子城"传统风貌区作为勾践筑城的起源地和绍兴古城的精华区，见证了绍兴古城的历史变迁，积淀了绍兴最悠久的文化记忆，其定位为"世界古城活化典范、古越文化传承高地、绣花实践风貌样板"，在古村落更新的过程中，遵守原真性的价值取向，制定渐进性的提升纲要，彰显群众性的人文关怀，顺应时代性的建设标准。以"城市针灸·微提升"作为重构空间秩序的低干预手段，重新构建场地与文物、人、城市、自然的关系，在古与今的对话中，对整个街区进行织补与整合，以"绣花"功夫实现人民生活品质与城乡风貌的提升（图7-6）。

宁波慈城老城的整体风貌
来源：王运江 摄（上）；李琼 摄（下）

绍兴越城"越子城"的青藤广场与徐渭艺术

图 7-6　古镇古村风貌提升案例
来源：浙江省城乡风貌整治提升工作专班办公室

2.2 历史建筑的活化利用

历史建筑的活化利用对历史文化的传承具有重要意义。历史建筑是人类的集体记忆，是一种不可再生的珍贵文化资源，是传承和弘扬优秀传统文化的历史根脉。历史建筑的活化利用要坚持保护优先、统筹利用。以保护为主、合理利用、加强管理的原则，健全完善管理保护体系，适度发展特色产业，严禁大拆大建和破坏性开发建设，要系统保护古镇、古村落、古民居历史文化遗存的真实性、完整性和可持续性。"历史积淀"是城市风貌源于城市发展的历史背景、自然环境、社会经济生活的持续影响而形成的，风貌塑造是对过去传统与历史遗存的继承发展。活化利用历史建筑、工业遗产，注重在保持原有外观风貌、典型构件的基础上，通过加建、改建和添加设施等方式适应现代生产生活的需要。

杭州余杭区、临安区通过拆改结合、植入现代功能、还原传统风貌等手段，对宝贵的历史建筑资源进行活化利用。传统风貌样板区余杭瓶窑老街以重塑传统风貌为设计理念，利用原生态、原文化、原材料，以拆改结合为路径，推动"山、水、街"和谐共生。通过多渠道找寻历史记忆碎片，在项目建设过程中选用水刷鹅卵石工艺，修旧如旧，最大限度保留建筑本土特色，还原街巷传统风貌，展现18巷弄的历史记忆。

临安风情唐昌县域风貌样板区联动昌化、河桥、湍口三镇，立足区域发展大局，打通三镇行政区域界线，着力绘就"昌河山中来·风情入钱塘"的共富新图景。在历史建筑的活化利用方面，昌化镇采取"保留+移植+创造"的手法，将明清古建筑群、"小三线"工业遗存改造提升为浙西民俗文化馆与临安线上市集，打造"昌化印象"矩阵；河桥镇编制历史文化名镇保护规划，严格落实老街保护区块的建房审批，确保省级历史文化保护街区的100余幢古建筑风貌和谐统一；湍口镇严格落实文物保护责任，完成胡氏祖茔、湍口油坊等10处文物保护点、历史古建筑的修缮工作，用心扮靓"湍口印象"（图7-7）。

2.3 非遗文化学习传承

浙江省非遗文化资源丰富。非物质文化遗产是中华民族古老的生命记忆和活态的文化基因，是中华民族文化根脉的活态流变。截至2014年，省级非物质文化遗产项

杭州余杭瓶窑老街传统风貌样板区夜景

杭州临安河桥镇的云浪金龙

杭州临安湍口的大湖风光

图 7-7　历史建筑的活化利用案例
来源：浙江省城乡风貌整治提升工作专班办公室

目共 649 项，其中传统技艺 143 项，民俗 88 项，传统体育、游艺与杂技 76 项，民间文学 69 项，传统舞蹈 68 项，传统戏剧 68 项，传统美术 61 项，传统音乐 34 项，曲艺 28 项，传统医药 14 项。最知名的非物质文化遗产有越剧、火腿制作技艺、中国传统桑蚕丝织技艺、绍兴黄酒酿制技艺、龙泉青瓷烧制技艺、瓯绣、白蛇传传说、乐清细纹刻纸、海宁皮影戏、永嘉昆曲等。

保护非遗需要创新转化、政策扶持、市场推动，三者缺一不可。非遗保护要结合时代发展，"以古人之规矩，开自己之生面"，创新与转化是对非遗的最好传承。非遗作为以人为本的活态文化遗产，传承、创新的关键是"人"，通过政策扶持、立法保护，加强传承人队伍的建设。借助生产、流通、销售等手段，让传统工艺等非遗走进当代社会、走进大众，更好地融入日常生活，把非遗保护和生产化、商品化联系在一起，为非遗保护和发展注入生机和活力。非遗生产化、商品化的过程要由艺术家、设计师、手艺人共同参与合作，并依靠成熟的市场运作体系，将非遗及其资源转化为具有高附加值和文化价值的流通商品，让非遗有效地进入市场。

丽水景宁和金华东阳分别将本地的传统非遗活动与现代的互联网、教育培训行业相结合，为其长远发展提供了不竭动力。畲族传统民歌具有原真性，反映畲族人民热爱生活的精神特质，是畲族体现民族凝聚力、教育培养后代的重要手段，也是浙江省的非物质文化遗产之一。传承发扬畲族山歌、畲族婚俗、祭祀、彩带编织技艺等民族文化遗产，培育"传统村落 + 手工业、艺术创作、互联网"等新业态，是推动传统村落活化保护与利用、非遗文化学习传承的新模式。

东阳木雕是国家级非物质文化遗产保护项目，东阳镇在打造特色产业风貌样板区的过程中，探索出"中小学生研学 + 大学生实训实习 + 木雕从业者技能培训"传承之路，打造了省级研学实训基地。东阳镇持续引流增量，积极承接举办各类全国性行业活动，推动大师工作室申报特色文化展示馆；加强创意策划，举办木雕文化博览会、民俗活动等，进一步开放扩展游览空间，丰富游览体验，提升样板区的整体活力和影响力（图 7-8）。

2.4　地方记忆提炼挖掘

地域文化能够为特色小镇建设塑"魂"。地域文化是在一定的地域范围内经过几千年发展、传承至今仍在产生影响的文化传统，具有明显的地域特征和属性的文化形

金华东阳木雕青创基地

金华东阳大师路

丽水景宁非遗文化之"畲族民歌"

图 7-8 非遗文化学习传承案例
来源：浙江省城乡风貌整治提升工作专班办公室

态。地域文化和地方记忆具有明显的地域性。不同的区域有不同的风俗习惯、社会结构和价值追求，各地的文化形态也在几千年的演化中形成各自的特点，让具有历史韵味的地域文化在特色小镇中得到传承，具有很强的操作性。中华民族优秀的传统文化是中华民族的"根"和"魂"，建设特色小镇同样需要地域历史文化为支撑。从地域历史文化元素中挖掘、培育特色项目，是特色小镇具备特色的前提与基础。

一个地方的人文底蕴、自然神韵所构成的内在动力、核心魅力才是它的竞争力、吸引力、本质的东西，也是本色的东西。浙江省富阳龙门古镇95%以上村民是三国时东吴孙氏家族的后裔，定居此地已千余年，保留着以血缘为基础的宗族社会的伦理道德与尊卑秩序，使得古镇成为中国宗族文化的代表性传承地。龙门依托于古镇的千年文化积淀，深入挖掘和传承传统民俗文化，每年定期举办乡村"百花大会、龙门庙会"，融入浪漫文艺、网红元素，呈现千年古镇的东吴风情、民俗味道。宁波江北慈城老城是中国首个慈孝文化之乡，1700多年前，董孝子传说就在慈城发生、衍化、流传，其间融合多代慈城人民的世俗生活及文化价值理念（图7-9）。

长桌宴

文化礼堂活动

文化广场

共享乡村礼堂

图7-9　地方记忆提炼挖掘案例
来源：浙江省城乡风貌整治提升工作专班办公室

3

三生空间系统架构

3.1 绿道增进生态连接

绿道是风貌建设中的重要环节。绿道沿河滨、溪谷、山脊线等自然走廊，提供可供行人和骑车者进入的自然景观线路和人工景观线路。绿道网络建设则通过串联公园绿地、自然保护区、风景名胜区、历史古迹和城乡居民聚居区等空间，增强了生态空间的连接性，并增加了生态空间的休憩功能。风貌建设需要梳理绿道与生态廊道及生态网络的衍生关系，结合自然生态格局，为居民提供更多亲近自然、健康休闲的休憩空间。

绿道在城乡风貌提升的过程中具有重要作用。城市生态系统建设以绿色廊道为纽带，将碎化、隔离、零散的自然人文资源、生态斑块整合为相对完整的绿色空间系统，串联城市地标及主要活动区域，增强生态空间的连续性和生活—生态空间的完整性。乡村绿道建设应合理利用山脊、山谷等地形起伏及原有的生物气候条件，结合耕地、园地等农田林网、河渠道路，串联主要历史村落，维持和保护农业景观及田野乡村肌理。

浙江省将高品质绿道建设作为城乡风貌整治提升的有力抓手，打造生态文明高地，杭州、台州、丽水都做出了表率。例如，杭州市钱塘区绿道建设强调与钱塘江两岸滨水开放空间的联系，将绿道打造成集生态休闲、智慧娱乐于一体的开放式绿道网络。余杭区绿道建设突出"禅径寻农""品茗茶香"等主题，沿线通过乐活竹海、阡陌田园、野趣滨水等空间打造，植入融于自然的休憩娱乐功能。台州市仙居县的绿道网由1条主绿道、6条辅绿道构成"叶脉形"结构，滨水而建，风光旖旎，串联起神仙居景区等20多个自然与人文景观，促进全域旅游发展。丽水市景宁畲族自治县提升改造绿道资源，使沿途景观和得天独厚的山水生态资源完美统一，沿途配套建设休憩驿站、生态景观节点、亲水平台等，提升市民和游客步行或骑行的身心体验（图7-10）。

杭州市钱塘区的之江绿道

台州市仙居县白塔镇的慢行绿道

杭州市余杭区的双溪绿道

丽水市景宁的畲乡绿道

图 7-10　绿道建设案例
来源：浙江省城乡风貌整治提升工作专班办公室

3.2　生活嵌入自然环境

环境感知理论为衡量居住空间的质量提供支撑。基于环境感知理论，空间形象以形态为基础，通过人的体验被感知，并依赖于其视觉、听觉、触觉等知觉引起的刺激，成为直接被感知的空间环境质量。居住空间的功能本身是单一的，但是通过空间环境要素的组合设计，为居民或游客创造不同感知维度的体验，吸引具有特定行为意图、感知能力的感知者，享受特定氛围及环境下的感知时刻，提升情绪和心理的舒适感和愉悦感。

城乡居住生活与生态空间的相融相生，因地制宜地营造自然及文化氛围，在民宿规划设计上体现得最为深刻。民宿建设需要挖掘村落的自然景观与文化景观资源，塑造融山、水、村于一体的住宅体验，既要尊重地域文化特色，从室内装饰到建筑风格，再到室外环境规划，注重延续乡土文化，又要嵌入自然环境，贯穿和谐、永续和生态发展的理念，拉近人与自然的距离，提升环境感知质量。舟山市嵊泗县打造具有"小希腊"之称的岛屿，建筑的大厅大量留白，整体色调与岛上清新的风格相得益彰，民宿与外面的无边泳池相结合，大厅将海景尽收眼底，使得居住体验惬意休闲。

　　浙江省通过打造融入自然山林的民宿、构建依托湖海的高品质建筑遗产、传承古城根脉等做法，将生活嵌入自然环境。县域风貌样板区湖州市德清县的莫干山民宿沿着蜿蜒的山路往莫干山深处布局，竹林苍翠、溪水环绕，融入自然山林。民宿从最初的个案生活美学分享，发展成为支撑莫干山经济发展的主导产业。随着民宿经济风潮的席卷，民宿产业开始走精品化、高端化路线，县政府通过农村集体经营性建设用地入市等一批农村土地制度改革措施，解决农村产业发展用地需求，并颁布《德清县民宿管理办法（试行）》等文件，规范民宿建设运营，推动民宿产业从单一住宿业态逐渐向产业集群转变，依托县域优质的自然生态资源，提升空间品质和效益。城市新区样板区嘉兴市依托南湖湖滨的生态资源及民国建筑遗产，打造生活空间特色风貌。传统风貌样板区金华市婺州古城传承文化根脉，尊重、顺应古城肌理、建筑风貌及空间尺度，活化特色街坊（图7-11）。

| 舟山市嵊泗县枸杞—嵊山的海景民宿 | 湖州市德清县的莫干山民宿 |

| 嘉兴市南湖的鸳湖旅社 | 金华市婺城的特色街坊 |

图7-11　生活、生态空间融合案例
来源：浙江省城乡风貌整治提升工作专班办公室

3.3　以产塑景，宜业宜游

　　通过构建宜人的生态环境体系来满足大众的居住需求和产业发展需求，以产塑景，融产于景，打造城乡宜居宜业宜游空间，是风貌可持续运营维护的关键。宜业导向下的景观风貌，需要在满足基本观赏价值的同时又能够产生经济价值，增加就业机会，优化产业结构和布局；既包含满足经济发展的传统农业、现代农业、非农业产业景观，又包含满足旅游建设的农业园、服务设施以及村落内部空间等景观。宜业宜游的设计规划则需要从人们的行为方式和习惯爱好出发，从不同产业的生态需求出发，基于生态效益进一步激发社会和经济效益。

浙江省以产塑景、融产于景的空间打造和产业发展独具特色。杭州市余杭区鸬鸟镇围绕"一镇一品"，建成蜜梨乐园，举办梨花节、蜜梨节、"鸬鸟七点半"等活动，提振消费、复苏行业，深耕农文旅融合文章。绍兴市上虞区曹娥江沿岸区域是重要的视觉焦点，周边以数字产业为主，是兼具信息技术和文创产业等现代化高端产业，依托 e 游小镇和曹娥江形成独具特色的空间景观和文化品牌。杭州市临浦镇横一村依托千余棵百年古柿树，依山而建"如意山房"，集特色农产品零售、艺术家工作室、团建空间、书房、咖啡、餐饮、住宿于一体，打造乡村综合体（图 7-12）。

杭州余杭鸬鸟镇的蜜梨乐园　　　绍兴上虞曹娥江沿岸产业园　　　杭州市萧山临浦镇的鸭棚咖啡

图 7-12　以产塑景风貌案例
来源：浙江省城乡风貌整治提升工作专班办公室

3.4　三生融合协同发展

系统生成论为三生融合发展提供理论支撑。基于系统生成论，城市风貌复杂系统的生成过程则呈现为不可逆的自组织过程，表现为从系统创生—系统组织—系统生长不同阶段的持续、动态地推进，并遵循"形态延续"和"有序演进"的规律。生态空间的形态延续是长时间积累的产物，构成城乡风貌的本底与依托背景；生产、生活空间的有序演进是城乡动态发展的本质，既是对历史与传统的继承，也要正确面对建成现状与未来需求。可持续发展离不开以生产、生活、生态"三生融合"为导向的空间品质升级。

　　浙江省乡村地区通过加快产业集聚、优化基础设施、提升生态环境等措施，逐渐成为新产业、新业态的集聚地，实现高质量协同发展。例如，杭州市萧山区临浦镇横一村的山水林田湖等自然资源丰富，村内"梅里方柿"远近闻名。村庄通过创立"萧山·未来大地"的品牌，推进规划建设与运营前置，统筹考虑品牌定位和形象标识，全方位推进农文旅产业融合，实现乡村山水林田湖的价值再造和生态、生产、生活的"三生"协同发展（图 7-13）。

图 7-13　杭州萧山临浦镇横一村的风貌要素及"三生"功能
来源：浙江省城乡风貌整治提升工作专班办公室

4
活力场景有机塑造

4.1　地标廊道激活点线

　　城市意象理论为激活空间活力提供理论支撑。基于城市意象理论，城市意象是城市形态反映在人们心理上的投影，城市中最容易被大多数人所感知的空间形态五大要素是地标、节点、道路、边界和区域。地标建筑在地域形象的塑造中起到象征性、标志性的作用。城市地标是供人们识别城市的重要符号，人们通过对这些符号的观察而形成感知，从而逐步认识城市本质。利用地标建筑特殊的体量和形式，对周围环境的建筑形体进行统辖，结合绿色廊道连接强化视觉感受，使空间组织更加有秩序，引导人们实现各种空间活动，从而激活空间活力。

杭州"心相融达未来"亚运风貌样板区和宁波市的鄞州南部创意魅力区城市新区风貌样板区通过打造具有象征性和标志性的空间，引导空间活动，激活空间活力。杭州市地跨萧山、滨江两区的亚运风貌样板区通过打造地标建筑，形成了大小莲花、国际博览中心、亚运三馆等7座公共建筑组成的地标群，并与钱江对岸的"日月同辉"建筑群遥相呼应，通过文化长廊及绿岛串联起地标建筑、空中立体交通网及世纪公园。其中，之江绿道集合了慢行道、跑道、自行车道及健身驿站，贯通滨水及绿化空间，成为居民户外休闲游乐的活力场所。鄞州南部创意魅力区城市新区，通过地标性建筑——宁波博物馆以及大尺度生态廊道——鄞州公园打造景城互融空间，融合行政文化、中央公园、商住生活、未来社区等板块，展现活力幸福的生活场景（图7-14）。

杭州市亚运风貌样板区地标建筑　　　　　　　杭州市钱江世纪公园

宁波市博物馆　　　　　　宁波市鄞州南部创意魅力区城市新区的地标与公园

图7-14 地标廊道风貌提升案例
来源：浙江省城乡风貌整治提升工作专班办公室

4.2 节事联动升级体验

空间活力理论为构建功能复合、优势活力的公共空间提供理论支撑。基于空间活力理论，空间本身是静止的，活力的产生有赖于居民生产、生活等行为活动带来的空间使用与聚集，活力空间往往具有功能混合、空间复合、尺度宜人等特点，利于各种地块功能之间的沟通与联系，并且与居民的生活习惯息息相关。城乡风貌建设应注重完善公共服务、商业服务、健身运动、文化休闲等设施，结合景观资源优势发挥综合效益，吸引人群集聚并开展活动，形成特色魅力强、群众满意度高的精品项目和活力公共空间。

在浙江的城市和乡村，人们将时间、空间都"全过程"利用，打造独具特色的节事联动。在城市，夜间市集实现了"24小时"活力营造。例如，宁波市鄞州商业水街以"民俗商业街＋特色集市"模式提升夜间空间活力，打造消费扶贫综合体，丰富居民的户外夜生活体验。在乡村，多地充分利用林业生产用地、登山步道、山地森林、河流峡谷、草地荒漠等多元化土地资源，建设健身步道、体育公园等健身空间，结合自然地势和沿途风景资源开展户外活动项目，助力乡村户外旅游产业的发展。例如，绍兴市上虞区东澄村聚焦文化体验、乡村旅游、田园娱乐、休闲度假四大产品体系，挖掘整合东山文化、山居文化等元素，打造油菜花节、攀浪节、定向越野等金名片，通过项目联动升级旅游体验，形成了特色生态休闲产业链（图7-15）。

宁波市鄞州滨水沿岸水街集市　　　　绍兴市上虞区东澄村品牌活动（攀浪及骑行）

图7-15　节事联动升级体验案例
来源：浙江省城乡风貌整治提升工作专班办公室

4.3　文艺场景营造气氛

场景在构建创新活力城市风貌的过程中起了重要作用。场景成为当代城市创新的重要动力，场景理论在传统物理空间的基础上，加入了文化和美学要素，生产、消费和人力资本等要素均成为现代城乡空间演进的重要驱动力，使场景成为承载文化价值、突出文化品质、彰显文化特色的社会空间。一方面，城乡创意集群在经济社会发展中的地位越来越重要；另一方面，地方文化的挖掘、传承及其商品化撬动地方特色发展。创意景区、地方戏台、非遗传承活动、传统习俗展示、艺术节、音乐会等文化参与、文化活动和文化事件，激励区域创新，推动文化传承，引发群体关注、创造社会话题，从而产生使人活跃的文化氛围和活力风貌。

杭州临安区、衢州柯城区等地构建结合自身文脉发展的文艺场景，营造令人欢欣活跃的文化氛围。杭州临安区河桥古镇引入沉浸式主题夜游项目"狐妖小红娘"，通过动漫、科技、夜游相结合的模式，创新打造千年古镇的二次元旅游体验。衢州市作为"南孔文化"的发源地，依托孔氏南宗家庙的大成殿及历史文化街区，培育具有可持续运营能力的新业态，以城市文旅为触媒的生活方式再造，开展以"礼"为主题的系列文化活动，将生活线与文旅流线融合，提升市民参与度及品牌影响力。杭州市临安区昌化镇串联国石文化城、国石印象馆、印文化体验馆等阵地，通过集参观、学习、体验于一体的研学体验，传承印信文化的诚信理念，寓教于乐，营造文化场景。杭州市富阳区黄公望村将公望文化内涵传承于村级事务管理服务中，成立了"公望女管家"队伍，打造具有地方特色的女管家形象，以开展户外文化活动，提升传播影响力（图7-16）。

杭州市富阳区黄公望村国画艺术园研学活动

衢州柯城的南孔礼遇行人活动

金华市义乌鸡鸣山未来社区元宵活动

杭州富阳区黄公望村的女管家培训活动

图 7-16　文艺场景塑造案例
来源：浙江省城乡风貌整治提升工作专班办公室

4.4 细节设计传达品质

拼贴理论对空间场景细节设计的引导具有重要作用。细节空间的表达是现代要素对原有空间的拼贴，将看起来矛盾对立的要素统一协调，连接城乡割断的历史，满足空间的多元混合，以及居民物质和精神上的动态发展需求。基于拼贴理论，通过细节设计进行城市风貌更新重构的过程中，需要精准掌握建筑风貌基因，善用现代建筑材料、形式，积极引导多样功能及形象的融合发展。城乡整体风貌的塑造离不开微观设计的品质传达，石刻、牌坊、立柱、亭台等景观小品，以及公约、门牌、标语等地方标识，虽然占用空间少、规模体积小，但若注重细节的设计，可以画龙点睛，营造更好的创意文化氛围，提升城乡地域形象和视觉感知（图7-17）。

湖州安吉县余村的村口石刻 　　　　　　杭州余杭区良渚村的村民公约牌

杭州市上城杨柳郡未来社区郡约广场 　　　杭州市富阳区黄公望村雕塑

图7-17　细节设计示例
来源：浙江省城乡风貌整治提升工作专班办公室

5

小结

　　通过对风貌保护和塑造 4 个维度的理念及案例梳理，本章针对浙江省城乡自然人文要素的基因表达及调控，形成了系统性的结构架构（表 7-1）。浙江风貌要素是风貌基因的显性表达，也是构建"局部美、整体美，平面美、一体美，内在美、外在美，自然美、人文美"的重要基石。基于风貌要素的城乡自然人文格局的保护和塑造，成为浙江省在城乡规划与建设中贯彻"各美其美，美人之美，美美与共，天下大同"发展理念的重要实践路径。

城乡自然人文整体要素提升的浙江实践经验总结　　　　表 7-1

要素基因类型	风貌维度	风貌要素	风貌要素提升理念	典型案例
结构基因（表达、遗传、合成风貌要素）	自然山水	山林	依山就势打造宜居空间	湖州安吉余村、丽水市等
		江河	景观生态环境优先，融合古今凸显差异化魅力	钱江源—马金溪等
		湖海	尊重生物多样性，确保生态平衡，因地制宜建设视觉廊道	舟山市嵊山、嘉兴市南湖等
		田园	保证粮食安全的基础上，绿色生态发展新业态新模式	嘉善县大云镇、余姚市梁弄镇等
	历史文化	古村古镇	分类保护各类资源，活化利用乡土文化遗产	慈溪古城、"越子城"传统风貌区等
		历史建筑	保护为主、活化利用，保持古建的真实性、完整性、可持续性	新昌"梅渚"传统村、富阳龙门古镇等
		非遗文化	将非遗的保护和生产化、商品化联系在一起，将其转化为具有高附加值和文化价值的流通商品	慈城年糕节、畲族传统民歌会等
		地域文化	尊重各地文化差异，从地域历史文化元素中挖掘培育特色项目	龙门庙会、慈孝文化等
调控基因（调节、控制、改变风貌要素）	三生发展	绿道	梳理绿道与生态廊道及生态网络衍生关系，结合自然生态格局整合绿色空间系统	杭州市钱塘区、余杭区，台州市仙居县，丽水市景宁县等
		民宿住宅	尊重地域文化，延续乡土文化，嵌入自然环境，贯穿和谐、永续和生态发展理念	舟山市嵊泗县、德清县莫干山、嘉兴市、金华市婺州古城等
		产业空间	从人们的行为方式和习惯爱好出发，从不同产业的生态需求出发，以产塑景，融产于景	杭州市余杭区鸬鸟镇、绍兴市上虞区曹娥江沿岸等

要素基因类型	风貌维度	风貌要素	风貌要素提升理念	典型案例
调控基因（调节、控制、改变风貌要素）	三生发展	三生融合	遵循"形态延续""有序演进"规律，以生产、生活、生态"三生融合"为导向	杭州市萧山区临浦镇横一村等
	场景营造	地标廊道	协调空间环境，结合绿色廊道，激活空间活力	亚运风貌区、宁波市鄞州南部创意魅力区城市新区等
		节事联动	结合景观资源优势发挥综合效益，吸引人群开展活动，形成特色魅力的公共空间	宁波市鄞州商业水街、绍兴市上虞区东澄村等
		文艺场景	挖掘传承地方文化，商品化撬动地方特色发展	杭州临安区河桥古镇、衢州市、杭州市临安区昌化镇、杭州市富阳区黄公望村等
		细节设计	精准掌握建筑风貌基因，运用拼贴理论通过细节设计提升城乡地域形象和视觉感知	湖州市安吉县余村、衢州市龙游县、嘉兴桐乡等

第八章

城市风貌整治提升

本章以浙江省城市风貌建设为例，总结了点状、线状、面状风貌要素及城市功能的提升策略。本章内容将从区域标志性节点（点状）、城市韧性水平（线状），以及城市场景功能（面状）和可持续城市社区（面状要素功能及其动态治理）4个维度进行总结（图8-1）。

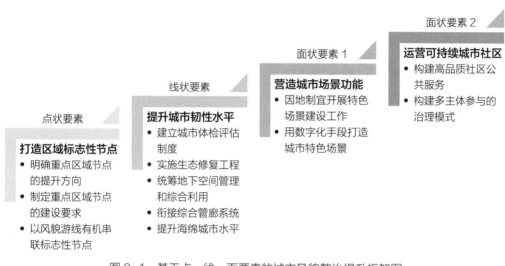

图8-1 基于点—线—面要素的城市风貌整治提升框架图

1 打造区域标志性节点

1.1 明确重点区域节点的提升方向

根据城市风貌特色框架，浙江省结合新区建设、老城更新、未来社区建设、历史文化保护、产业平台建设等工作，明确需要整治提升的城市新区、传统风貌区、特色产业区等各类重点整治区域，提出各区域的整治提升指引，对风貌特色塑造进行引导和管控；同时，结合实施时序、特色禀赋，在重点整治区域中选择确定拟建设城市风貌样板区的对象及范围，明确重点区域和节点的提升方向。

（1）城市重要节点：明确城市入城门户、重要公共空间、地标节点、重要眺望点、城乡接合部等近期重点整治提升的节点，提出整治提升方向。

①城市入城门户：根据城市对外交通特点，依据主次关系遴选出拟重点整治提升的高铁、高速、普通公路、水运等各类门户，从入城口交通组织、绿化景观、视觉界面、建筑风貌等方面提出整治提升方向。

②重要公共空间：确定城市拟重点整治或建设的公园绿地、广场，从绿化景观、环境小品、公共艺术、文体休闲功能植入等方面提出整治或设计方向。

③地标节点：确定城市拟建设或整治提升的建筑物、构筑物等地标节点，从视觉形象、地域文化属性、建筑品味、基质环境等方面提出整治提升措施。

④重要眺望点：从人本视角出发，确定城市景观资源条件突出的景观点和观景点，从建筑物意向、眺望廊道、天际线等方面提出相应的风貌提升措施。

⑤城乡接合部：确定需要整治提升的城乡接合部地区，包括空闲地、废弃地以及城乡过渡地带，从场地再利用、绿化景观营造、建筑风貌提升、环境卫生整洁等方面提出具体提升措施。

⑥公共艺术设置：结合入城口、重要公共空间、地标节点、重要眺望点和公园绿地，对重要的公共环境艺术品进行空间点位布局，并提出公共艺术提升措施。

（2）城市重要路径：对城市特色街道、沿山滨水空间、绿带绿道等重要轴线和景观廊道提出风貌整治提升要求，明确近期重点整治的内容和方向。

①特色街道：包括需整治提升的城市景观大道、特色商业街、传统街巷，重点从道路断面、沿街建筑立面、街道小品、标识系统、道路绿化等方面提出整治提升方向。传统街巷应遵从原有肌理、尺度与风貌韵味，体现地方文化特色；商业性、生活性街道应以人本化改造为重点，突出以人为本，提升街道活力人气。

②沿山滨水空间：明确需整治提升的山前地带和滨水开放空间，从显山露水、开敞空间组织、绿化景观营造、人本化改造等方面提出整治提升方向。

③绿带绿道：明确整治提升或新建的绿带绿道布局，从绿化景观配置、绿道系统连续、文体休闲功能植入、驿站设施配置等方面提出整治提升方向。

④夜景照明：各地可根据自身特点与亮化需求，提出重点区域的夜景照明措施。

1.2 制定重点区域节点的建设要求

制定重点区域和节点的建设要求和详细方案应以未来社区理念为指引，落实人本化、生态化、数字化的要求，突出系统治理、整体协调。

城市新区类风貌样板区要求面积不小于 50 公顷，宜具有一定的中心区位、功能复合、较好的自然山水格局，能够展现城市活力与风韵魅力，具有一定的地标效应或门户效应，范围内应包含一个落实未来社区理念的建设案例。建设要求是基础设施、公共服务设施完善，探索推进新型城市基础设施建设和改造，风貌整体协调、特色鲜明、现代化气质显著，一般应具有重要的公共建筑、高品质的城市公园、公共活动中心、城市门户形象、有活力的特色街道、宜人的美丽绿道（慢行道）、未来社区建设案例、海绵城市建设案例、鲜明的文化标识（品牌）、数字化的公共治理平台等元素，具体可结合地方及区域实际进行创新优化。风貌提升指引重点从建筑组群、天际线、城市轴线、重要景观界面、第五立面、公共空间、公共艺术、城市色彩等方面提出要求。

传统风貌类风貌样板区要求面积不小于 20 公顷，宜选择风貌格局较好的旧城改造片区或历史文化保护区域，范围选择要考虑要素综合性、功能复合性、区域内应包含一个落实未来社区理念的建设案例（可以是未来社区试点和创建项目，也可以是结合地方实际创新的特色案例）。建设要求是基础设施、公共服务设施完善，风貌整体协调、特色鲜明，文化内涵丰富，一般应具有代表性的公共建筑、精致的休闲公园、宜人尺度的公共活动中心、有风韵的特色街道、宜人的美丽绿道（慢行道）、未来社区建设案例、鲜明的文化标识（品牌）、数字化的公共治理平台等元素。

1.3 以风貌游线有机串联标志性节点

结合城市特色和近期"点线面"提升项目，浙江省组织风貌游线，有机串联城市风貌标志性节点和特色区域，向市民及游客展示城市富有特色的整体形象。

例如，临平门户客厅艺尚小镇城市新区风貌样板区是临平新城的门户客厅，既是"三铁合一、无缝换乘"的交通枢纽门户，也是将城市客厅、市民广场、东湖公园、艺术文化中心、大剧院等功能高度串联和衔接的复合型城市门户，更是以"艺尚小镇"浓缩时尚产业精华、引领产业转型升级的产业门户。样板区将临平新城的公共活动核心与"三铁合一"的交通枢纽相互织补、无缝衔接，使市民活动与游客到访紧密融合，打造了复合型的城市活力中心。高铁北广场提升项目将停车改为地下，地面广场通过树池和草坪的设计，细分空间，增加绿化、广场、公共活动场所，以公园式景观形成连续而富有韵律的视觉序列，自然延伸至东湖公园、临平大剧院和艺尚小镇等核心公共节点，极大地促进了区域建设与大交通的无界融合；北广场地下 1 层设置了连接地铁 9 号线、杭海城际铁路和沪杭高铁的三向换乘通道，实现了"三铁合一"的无缝换乘（图 8-2）。

图 8-2　城园一体门户打造——杭州临平南站高铁门户
来源：浙江省城乡风貌整治提升工作专班办公室，《浙江省城乡风貌整治提升优秀案例第一册》

2
提升城市韧性水平

2.1　建立城市体检评估制度

城市体检评估制度是创造优良人居环境品质的重要着力点，通过体检评估精准查找城市建设和发展中的短板和不足，有利于统筹城市规划建设管理、推进实施城市更新行动、促进城乡风貌整治提升、推动城市建设发展模式转型。城乡风貌的评估可结合"一年一体检、五年一评估"的城市体检评估展开，一是要落实城市高质量发展要求，充分体现创新、协调、绿色、开放、共享的新发展理念，构建风貌评估的指标体系；二是要坚持总体安全观，特别要坚守生态安全、水务安全、设施安全等底线要求；三是要贯彻以人民为中心，从人的切实需求和全面发展出发，安排好生产、生活、生态空间，将宜居、宜业、宜养、宜游等内容和指标作为监测和评价的重点。城乡风貌评估逐年对重要节点和区域风貌的整体状况和重点专项领域的工作落实情况进行跟踪、检查、评估，对照相关问题，统筹城乡风貌整治等工作，有计划、有步骤地提出风貌整治和建设项目清单，强化风貌体检的成果转化运用；同时，构建或利用现有平台集成一个将基础性、专业性有机结合的、用于城乡风貌整治评估的城市体检评估信息平台，实现城乡风貌体检数据收集、指标分析、体检报告、问题诊断、项目整改等一系列工作环节系统化、集成化、数字化管理。

2.2　实施生态修复工程

浙江省深入贯彻落实习近平生态文明思想，牢固树立"山水林田湖草是生命共同体"的理念，坚持节约优先、保护优先、自然恢复为主、人工修复为辅的基本方针，按照自然资源部、省委、省政府关于自然资源、生态修复的工作部署，把生态修复工作作为"高水平推进省域空间治理现代化"和"打造展示中国特色社会主义制度优越性的重要窗口"的重要抓手进行系统谋划，紧密对接浙江省国土空间总体规划；在城乡风貌整治提升工作中，同样要践行城市功能完善工程和生态修复工程，以全域统筹、突出重点，自然为主、人工为辅，问题导向、因地制宜，部门联动、上下协同等为原则推进相关工作。

例如，宁波鄞州公园以生态优先理念，在公园西端形成一处野趣盎然的湿地空间，利用自然生态修复的手段，按鸟类栖息地的营建要求提升水环境，激发全新的自然活力，深度刻画水陆空间及植物空间，吸引多种水鸟和林鸟。为了保证生态吸引力与活力，公园将蓝绿空间打造为城市活力的缝合带，通过 3 座平均长度 300 米的高架桥梁联动两侧城市，利用架空的树冠栈道、临湖的入水台阶、城市客厅的生活轴线，共同编织绿色空间的网络；同时，构建了城景相融、陪伴城市生长的绿色家园，重点处理水陆关系，采用架空栈道构建多层次、全覆盖的立体畅游网络（图 8-3）。

图 8-3　城市绿地共生共享——宁波鄞州公园
来源：浙江省城乡风貌整治提升工作专班办公室，
《浙江省城乡风貌整治提升优秀案例第一册》

2.3 统筹地下空间管理和综合利用

统筹地下空间管理和综合利用是城市风貌整治提升过程中增强城市韧性的重要步骤。通过统一规划、合理开发，浙江省在风貌整治和样板区建设的过程中坚持地下规划与地上规划相结合、适度超前与量力而行相统一的原则，加快形成规范的城市地下空间规划体系，合理有序地开发利用和管理城市地下空间，主要任务包含：加强城市地下空间开发利用规划、建立健全城市地下空间权属管理制度、规范城市地下空间开发利用建设管理、加强城市地下空间开发利用安全监管、加快构建城市地下空间开发利用公共信息管理平台等内容。

例如，绍兴古城的建设和保护利用地下空间与市政管网管理信息系统，统一管理古城内的传统风貌区地下空间的建设管理、安全监督等内容。该系统已入选浙江省"观星台"优秀应用，荣获全国地理信息科技进步奖，成为全省地方特色的数字化改革重要成果；"城市地下管线综合管控应用"子场景被列入省住房和城乡建设厅城市生命线及地下空间综合治理应用子场景试点之一（图8-4）。

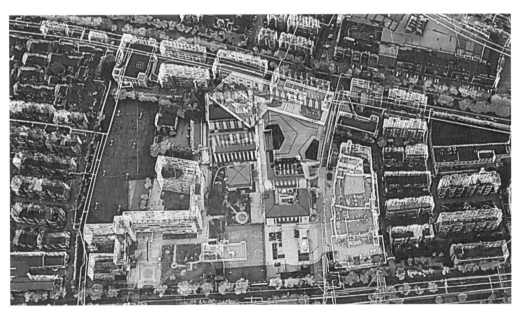

图 8-4 绍兴越城古城地下空间与市政管网管理信息系统
来源：浙江省城乡风貌整治提升工作专班办公室，《浙江省城乡风貌整治提升优秀案例第一册》

2.4   衔接综合管廊系统

浙江省结合地下空间的综合规划和建设，合理布局各类管线，形成有机衔接的管廊系统，提升风貌样板区和重要节点的韧性。浙江省重视科学规划，强化与城市总体规划的衔接；强调政府主导，发挥政府推进地下综合管廊建设的主导作用；促进统筹协调，根据地下综合管廊建设专项规划和本地区的发展阶段、经济能力、实际需求，统筹处理好当前与长远、新区与旧区、地上与地下的关系，制定完善的建设计划；探索创新机制，完善地下综合管廊建设运营模式，创新地下综合管廊建设投融资体制，发挥市场作用，积极鼓励和引导社会资本参与地下综合管廊建设和运营。

2.5   提升海绵城市水平

浙江省结合当地特色打造生态体系，推动城市内涝治理和地下管网减漏等工程，打造海绵城市、韧性城市，提高基础设施的绿色智能协同安全水平。

金华市金东区东市街以西的燕尾洲公园和机场公园结合当地农耕文化，设计特色防汛景观，将场地原有的硬质驳岸改造为具有不同安全级别的可淹没防汛堤，采用梯田形式，在台地上开辟农业种植，引入先进的网络种植理念。同时，案例结合当地民俗文化打造慢行系统的形象地标——景观步行桥采用了流线造型，成为连接武义江两岸的重要步行纽带（图8-5）。

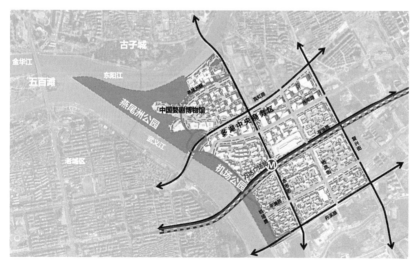

图8-5　金华金东区的燕尾洲公园和机场公园区位图
来源：浙江省城乡风貌整治提升工作专班办公室，《浙江省城乡风貌整治提升优秀案例第一册》

案例还提出"洲头生态保育、梯田防汛堤、景观步行文化地标"的改造方法，在保留原有场地植被和环境的基础上，进行一系列生态修复措施，进一步完善和丰富食物链，培育健康、可自我运行的良性生态系统。通过场地文化的保护、城市公共活动空间的重构等，打造了富有城市活力的城市海绵公园，利用最小干预，让自然做功，打造市中心的完整生物栖息地。同时，通过将场地原有的硬质驳岸改造为具有不同安全级别的可淹没防汛堤，利用梯田形式，在台地上开辟农业种植，进一步完善和丰富食物链，培育健康、可自我运行的良性生态系统（图 8-6）。

图 8-6　金华金东区的燕尾洲公园和机场公园
来源：浙江省城乡风貌整治提升工作专班办公室，《浙江省城乡风貌整治提升优秀案例第一册》

3
营造城市场景功能

3.1　因地制宜开展特色场景建设工作

在城市风貌整治提升中要落实人本化、生态化、数字化的要求，因地制宜开展特色场景建设。浙江省注重打造城市特色场景创新集成系统，聚焦人本化、生态化、数字化三维价值坐标，以和睦共治、绿色集约、智慧共享为内涵特征，突出高品质生活主轴，深化开放式、模块化、融合型创新设计，突出全生活链、全功能链和全产业链三链集成系统，打造有归属感、舒适感和未来感的新型风貌单元。

例如，宁波市江北区慈城老城东北片区结合慈城的历史文化特色，根据场地情况将太阳殿路、民权路、太湖路3条主路分别定义为文化之路、商贸之路、求学之路，对应展示慈城悠久的历史文化、商贸文化、科举文化，在不改变原有场地肌理的前提下，以加强文化互动性为原则，通过探寻慈城有价值的封闭空间和闲置空间，利用空间重塑、文化景观融合、精细化打造等方式，改造提升面向公众开放的趣味场景，在游客与历史的对话和互动中，实现场地的文化觉醒，在满足游客游乐趣味的同时，使其感受慈城深厚的文化魅力（图8-7）。

历史·重现　　　　遗迹·再生　　　　艺术·创造　　　　街景·升华

 历史文化——文化之路：
入口牌坊、花海、休闲节点、时光之门、房珀造城

 商贸文化——商贸之路：
文化之塔、药铺场景、行医场景、文化展示、慈城印象、一水一街

 科举文化——求学之路：
寒窗苦读、四书五经、彩绘台门、三娘井、贞节牌坊、赶考场景

 千年县衙：
东西科房图文展板、标识系统提升、室内灯光照明设计

 校士馆文化：
搜间房、科考体验、科考人生、模拟股试、趣味体验馆

图8-7　宁波江北慈城老城东北片区的场景重塑
来源：浙江省城乡风貌整治提升工作专班办公室，《浙江省城乡风貌整治提升优秀案例第一册》

3.2　数字化手段打造城市特色场景

（1）利用数字化实现特色治理场景

杭州萧山区瓜沥镇七彩社区通过采取数字化管理体系，在综合体内打造了24小

时服务、365 天办公的"沥未来·七彩公共服务中心",使得医保、社保、交通违章自助缴费等 261 项公共服务都可以在这里实现一站式办理。此外,社区打造了镇、村、户三级管理架构的智慧治理平台——"沥家园"数字驾驶舱,其中镇、村两级为驾驶舱管理端,户一级为群众的手机用户端。镇级驾驶舱是以综合集成的方法创造性地建设了一个线上"数字孪生瓜沥",村级驾驶舱则下设村庄基本运行情况、日常管理、清廉村社、应用中心、事件中心、交通治理六大模块。"沥家园"手机用户端既是政务分享的平台,又是依托"互联网+"等创新模式打造的一个线上家园。在"沥家园"上注册的村民还有机会成为"沥家园"的公益达人,社区通过积分制管理,使得垃圾分类、福利分配等考核评价实现了全过程可量化、可追溯;此外,通过积分排名,用积分兑换商品,让村民在社区生活中拥有更多获得感和幸福感的同时,还节省了村级劳务开支。

（2）利用数字化增强特色服务场景

温州中国姿态黄石山雕塑公园风景优美、雕塑林立、功能齐全,是一个集山地、滨水、雕塑于一身,聚生态、文化、创意、休闲和健身等功能于一体的开放性城市公园。该项目重视数字化改造,增强公园互动,结合"智能化项目"设置雕塑的"App智能宣讲""云上美术馆"等数字化改造项目,对于形式和主题较适合的雕塑,将进一步增加特色化互动,如声、光、电以及 AR(虚拟现实)等,以数字化的方式提升互动性(图 8-8)。

图 8-8　废弃采石场华丽蝶变——温州龙湾区中国姿态黄石山雕塑公园
来源：浙江省城乡风貌整治提升工作专班办公室,《浙江省城乡风貌整治提升优秀案例第一册》

（3）利用数字化助力创业场景

浙江省利用数字化搭建社区"双创"空间，结合地方主导产业培育，按照数字经济、文化创意等领域的特色创业需求，配置孵化用房、共享办公、家居办公（SOHO）等"双创"空间，配套共享厨房、共享餐厅、共享书吧、共享健身房等生活空间，营造社区创新创业的良好生态。

例如，杭州市滨江区缤纷未来社区结合"产城人"融合理念，精准定制 3 条社区公交，开通至今，日均接驳达 226 人次，总计接驳近 2 万人次。社区还在城市书房、缤纷会客厅、共享会议室设置微创办公等多个创业场景，探索职住平衡的"一公里创业生活圈"，为创业者提供强大支撑，让创业更简单（图8-9）。

图8-9 杭州市滨江区缤纷未来社区
来源：浙江省城乡风貌整治提升工作专班办公室，
《共同富裕现代化基本单元规划建设集成改革典型案例一》

（4）利用数字化植入特色建筑场景

杭州余杭区瓶窑老街结合数字化平台建设，展示蚕桑之源、蚕桑之脉、蚕桑之韵三个章节，通过文字、图片、视频、实物等多样化的展示方式和手段，层层递进地为游览者铺开了"蚕桑文化、文明瑰宝"的历史画卷，同时深度契合国家"一带一路"倡议，推广余杭丝绸品牌。该案例还实现了数字赋能引入，打造线上线下的风貌展示路径，在蚕桑文化馆一楼建设老街数字驾驶舱，通过可视化手段，针对景区、街区、社区交融的特点，开发"在里窑"小程序，通过社区管理端、居民参与端、游客使用端、小程序运营端的"四端协同"，构建住客、创客、游客"三客聚集"的包容服务

模式。瓶窑电影院可通过线上、线下两种方式进行观影，真正做到数字一体，强化数字赋能（图

杭州余杭区瓶窑老街

来源：……办公室，《浙江省城乡风貌整治提升优秀案例第一册》

（……景

宁……程按照"一轴五段六节点"的空间布局，结合数字化……街范围道路交通等公共基础设施优化、沿街建筑整治……空间环境建设等内容。项目总投资约 41.7 亿元。本项……2015 年正式开工建设，2016 年底完成市政主街改造……公园提升，实现了宁波中心发展主轴的整体风貌优化……干净有序、街道品质充满活力、节点公园多彩惠民、……市道路（图 8-11）。

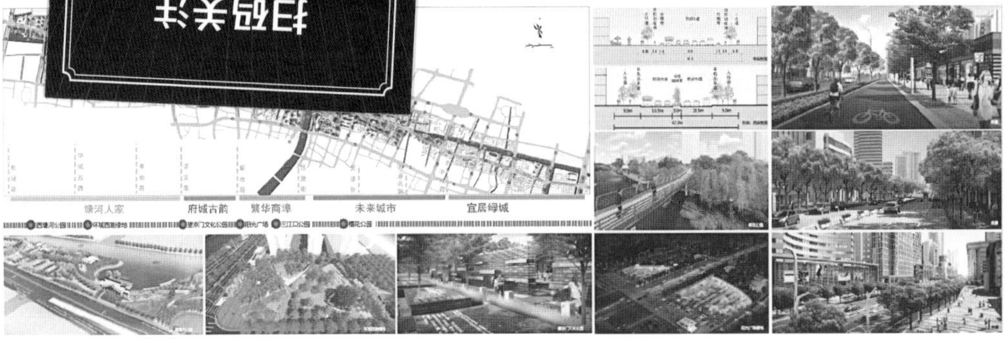

图 8-11　宁波海曙区中山路沿线交通场景营造
来源：浙江省城乡风貌整治提升工作专班办公室，《浙江省城乡风貌整治提升优秀案例第一册》

（6）利用数字化赋能未来邻里场景

嘉兴共富驿站建立"互联网＋驿站"的智慧管理信息平台，助力日常监管现代化、信息流通数字化、公共服务智慧化。驿站合理增加智能终端、综合显示屏、气体监测、厕位使用感应等设备，满足人们对现代化、智能化公共服务的需求；开发的"禾城驿·温暖嘉"便民导航App实现手

图8-12 嘉兴"禾城驿·温暖嘉"共富驿站
来源：浙江省城乡风貌整治提升工作专班办公室，
《浙江省城乡风貌整治提升优秀案例第一册》

机线上搜索和导航，满足百姓外出寻厕需求，同时发挥大数据管理体系运用，实现对驿站的精细化系统维护和管理，确保驿站能持续为百姓提供良好服务（图8-12）。

4

运营可持续城市社区

4.1 构建高品质社区公共服务

构建功能复合、全龄友好的高品质城市社区，应有机叠加教育、健康、商业、文化、体育等高品质公共服务，并合理配建适老化公寓、婴幼儿托育中心，为"一老一幼"提供友好的生活环境。同时，需要补齐公益性、基础性的社区服务短板，聚焦幼有所育、学有所教、病有所医、老有所养、弱有所扶，以及拥军、文体服务有保障等内容，推动基本公共服务资源向社区下沉，特别是要以"一老一小"为重点。

例如，拱墅区大运河紫檀匠心广场立足"还河于民"的理念，活化桥下空间利用，打造不打烊的24小时博物馆。案例在建设之初就明确"公益、惠民、为民"的主基调，延续桥西历史文化街区打造过程中"还河于民"的理念，通过与杭州市城市管理局协商，将原先用于仓储功能的1500余平方米的空间以及引桥两侧500余平方米的

空间彻底打开，让周边居民和国内外游客能够多拥有一个休憩参观的小广场；同时作为桥西历史文化街区与小河直街历史文化街区的连接点，和大运河桥东与桥西的连接点，全景透明的设置让往来于此的居民、游客都能享受24小时不打烊的紫檀文化盛宴。广场每日早7:00至晚23:30均向所有市民免费开放、全年无休，面向道路的透明展柜24小时呈现，市民可随时前来参观展览、欣赏展品、参与活动。此外，广场内配备有专业讲解员，免费提供讲解，传播优秀中国传统文化，助力市民更好地享受文化生活（图8-13）。

图8-13　杭州拱墅区大运河紫檀匠心广场
来源：浙江省城乡风貌整治提升工作专班办公室，《浙江省城乡风貌整治提升优秀案例第一册》

4.2　构建多主体参与的治理模式

城市社区治理应更加注重多元主体的共同参与，鼓励发挥社区议事会、社区客厅等自治载体和空间的作用，强化社区自治功能，由居民共同管理社区事务，优化、提升基层治理，实现基层事务统筹管理、流程再造、智能服务，有效推进城市社区治理体系和治理能力现代化。

例如，杭州市上城区红梅未来社区依托原"一核三坊"平台，搭建"居民自治、协商议事、互助服务"体系，有效破解社区历史遗留和治理瓶颈问题，实现居民治理与改造提升双同步，同时引进专业物业管理小区，通过建立社区居民委员会、物业监督委员会、物业公司三方联动协同机制，以周接待、月例会、季研判、年测评的机制调动各方力量，让居民自治力量成为社区治理的核心动能（图8-14）。

图 8-14　杭州市上城区红梅未来社区

来源：浙江省城乡风貌整治提升工作专班办公室，《浙江省城乡风貌整治提升优秀案例第一册》

第九章

县域风貌整治提升

"美丽浙江"经过了"千万工程""美丽乡村""美丽县城""美丽城镇"等一系列建设提升工作后，已经形成了"点状"空间风貌凸显的状态，但是在"线状"和"面状"空间的提升还有待加强。县域风貌整治提升重点打造美丽城镇、未来乡村、"浙派民居"，深度挖掘地域文化，依托美丽河湖、美丽公路、美丽绿道等，串联整个县域风貌样板区，以先富带后富，实现"全域推进、共富共美"的共同富裕基本单元建设（图9-1）。

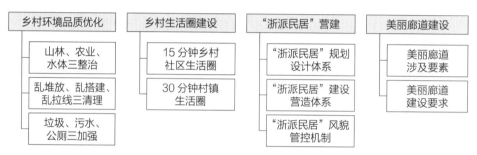

图 9-1 基于全域整体要素的县域风貌整治提升框架图

1

乡村环境品质优化

《浙江省城乡风貌整治提升行动实施方案》（简称《实施方案》）指出，要将"统筹推进城乡自然人文整体格局保护和塑造"作为主要任务之一，保护城乡的自然山水格局，优化生产、生活、生态空间布局，指导各地结合跨乡镇全域土地综合整治，梳理出低效、闲置用地，完善基础配套和公共服务设施，植入更多业态，同时加强自然生态修复，落实重要的景观廊道和县域特色风貌大走廊、生态廊道，打造百姓可游可赏可感的城乡风貌样板区。《浙江省县域风貌样板区技术指南》（简称《技术指南》）中进一步提出"三整治、三清理、三加强"九项措施，以巩固县域风貌样板区干净、整洁的本底。

1.1　山林、农业、水体三整治

在美丽乡村、美丽城镇等"点"上工作已颇有成效的基础上，由点及面，结合山水林田湖草生态本底，提出山林、农田、河湖生态治理的措施和方向，营造美丽河湖、美丽田园、美丽森林等大地景观。

山林整治方面，除了要求保护现状自然山林、禁止随意砍伐树木，还提出了要适度扩大林地规模、构建城乡一体化的绿色生态网络，同时修复受损的山体和林带、增补缺少的植被层次。

农田整治方面，重点在于推进全域裸土覆绿的土地整治，提升土地质量，增加土地效能。其次，要推动各类水域周边、重要交通沿线、山林田范围内的土地长效化治理机制，保证整治成果高效优质。

水体整治方面，除了保持水体清洁、及时清理垃圾及漂浮物外，还要定期清理废弃池塘内淤积的泥沙，清淤疏浚水道，改善整体水质情况。

衢州龙游县城乡风貌整治提升行动根据原有县域生态空间格局，打造"一廊、两区、八带、多点"的县域生态景观格局。生态优化措施上采取"强修复、低开发、巧利用、重提升"四大策略（图9-2）。一方面，通过湿地生态修复、水质改善、适当控制旅游开发等方式，改善河流流域内山林、河滩、农田的生态环境，减少湿地自然修复的人为干扰；另一方面，遵循低影响开发、保护原生态景观，利用现有景观

强修复	• 以通过湿地生态修复的方式，改善河流流域内山林、河滩、农田的生态环境 • 改善水质 • 适当控制旅游开发，减少对湿地自然修复的干扰 • 在鸟类栖息区域控制旅游人数和容量，以免过度开发造成对鸟类栖息环境的干扰
低开发	• 结合现状优秀自然资源，保护原生态景观 • 在开发前后确保当地的自然环境、地貌特征、景观特质等基本不变，实现低影响开发 • 结合当地的民风、民俗、民产、民资，发掘当地的非物质文化，进行以生态旅游、有机农业、乡土体验为特色的低碳环保型旅游度假模式
巧利用	• 利用山、水、田等自然现状资源进行特色景观营造 • 利用现有乡镇建设格局 • 利用人文民俗资源
重提升	• 湿地环境的提升 • 特色景观的提升 • 乡村基础设施的提升 • 本土文化品牌的提升

图9-2　龙游县生态优化四大策略
来源：龙游县城乡风貌整治提升行动方案

格局和人文民俗资源、提升整体县域
环境。

宁波市奉化明山剡水风景带县域
风貌样板区将城乡风貌样板区试点建
设工作与全域国土空间综合整治、美
丽城镇、未来社区、未来乡村等创建
工作相结合，选取萧王庙农旅融合整
治作为启动单元，启动"剡水田园"
万亩耕地整治及相关工程，已完成作

图 9-3　宁波奉化明山剡水风景带县域风貌样板区
来源：浙江省城乡风貌整治提升工作专班办公室

物清退 1790 亩（约 119.3 公顷），"城、产、村、园"全要素合理布局的大美形象初显，
成为全域国土空间综合整治的示范样板（图 9-3）。

1.2　乱堆放、乱搭建、乱拉线三清理

为持续深化小城镇环境综合整治行动，整治环境卫生、城镇秩序、消除"乱堆
放、乱搭建、乱拉线"现象，进一步优化乡村环境品质，《技术指南》中对"三乱"
现象提出了具体的优化措施。

针对乱堆放现象，首先要清理河流、湖泊等各类水域、重要交通沿线、山林田范
围内的留存垃圾，保证水域两岸蓝线范围内、非建设用地范围内禁止堆放各类物品及
垃圾；其次，在上述基础上推进长效化治理机制，创建文明和谐的人居环境。

针对乱搭建现象，第一步，要拆除重要交通沿线、山林田范围内的违章搭建，改
造提升危旧房，与山林田景观融为一体；第二步，由线到面，深入推进县域风貌样板
区建筑风貌的整治提升。

针对乱拉线现象，除了要规范传输线缆架设、清理户外架空线缆、归并整理杂乱
无序线缆、清除低垂松垮线缆、加强传输线缆的安全性，还要整治美化跨区域、重要
交通沿线的架空线缆架设形态，保证其不破坏山林田景观。

1.3　垃圾、污水、公厕三加强

《技术指南》明确了县域基础设施提升的要求，提出县域市政基础设施的城乡一

体化建设要求，要求进一步深化垃圾、污水、厕所"三大革命"。

在垃圾治理方面，全面推进生活垃圾分级分类的覆盖范围和法规标准建设，是加强垃圾长效化治理的必要前提；此外，还要健全垃圾转运体系、加大设施处理能力、加快餐厨垃圾资源化利用，加强环境监管能力建设和环卫作业管理。

污水治理方面，要全面推进城镇污水管网全覆盖，优化污水处理系统布局，推进"厂网一体化"建设。在具体的源头管控及再生水的利用上，首先要确保污水处理厂进水 BOD 不低于 100 毫克 / 升，其次要制定"一厂一策"整治方案，提升管网收集效能，实现外水不混入、污水零直排的镇村污水治理新格局。

厕所治理方面，一方面要按照因地制宜、卫生适用、环保美观等原则对公厕进行改造、提升、完善，做好公厕与污水治理的有效衔接；另一方面，要将公厕的覆盖范围由城镇向乡村拓展，并布局在公园广场、村落居住区、集贸市场、交通集散点等，不断提升厕所标准，构建公厕管理服务平台。

嘉兴桐乡市城乡风貌整治提升过程中强调了深化垃圾、污水和厕所"三大革命"，强调要完善垃圾分类处置体系，综合全市垃圾产生、收运现状与未来需要，统筹市域环卫设施规划及相关规划要求，实现主城区专业化保洁、快捷化收集、规模化转运的运营体系。同时，加强城乡污水设施建设、运营与维护管理，改造提升污水管网、加强污水设施建设、"污水零直排区"建设、推进农村污水治理设施运维，设置 5 个运维分区，同时在每个镇（街道）设置运维服务小组 1 个，满足半小时服务圈的要求。此外，按照厕所革命的总体指导思想，桐乡市以国际品质城市建设为导向，结合城镇定位、乡村振兴、区域功能、服务对象与能力等进行公厕布点设置、星级标准建设以及公厕改造提升计划，实现生态化的城乡公厕服务网（图 9-4）。

图 9-4　桐乡市城乡公厕服务规划
来源：桐乡市城乡风貌整治提升行动方案

169

　　杭州市淳安姜家—界首县域风貌样板区在风貌整治提升行动中，抓实集镇管理、垃圾分类、污水运维等工作，切实扮靓人居环境。界首乡投资 680 万元，创新打造生态大管家平台，邀请第三方负责全域范围垃圾分类、卫生保洁、污水运维、绿地维护等工作；姜家镇创新启动风貌整治"四个三"项目，投入 500 万元完成"拆三房""治三乱""建三园""评三美"工程，使样板区"三美风貌"更加突显（图 9-5）。

图 9-5　淳安姜家—界首县域风貌样板区
来源：浙江省城乡风貌整治提升工作专班办公室

2

乡村生活圈建设

　　为塑造根植地方特有自然环境和文化基地、满足人民对日益增长的美好生活向往、打造"各美其美、美美与共"的县域风貌样板区，《技术指南》在"九措固本"的基础上，以人为本、高品质整体协调地打造"五彩聚合"带，其中"构建多元共享的镇村生活圈"作为"紫色宜居人文带"的建设目标之一，强调了打造城乡一体、服务便捷的镇村生活圈体系的必要性。

2.1　15 分钟乡村社区生活圈

2020 年 3 月，《浙江省美丽城镇生活圈配置导则（试行）》以指标指引互补、刚性弹性结合的方式，在分析国家及省、市现有标准体系的基础上，研究公共服务体系的设施布置与生活需求、人口规模和空间分布的耦合关系，以期推进城乡公共服务体系配置模式的创新。2021 年 10 月，《浙江省县域风貌样板区技术指南》进一步提出要建设"紫色宜居人文带"，其目标之一即为构建多元共享的镇村生活圈，打造城乡一体、服务便捷的镇村生活圈体系。

15 分钟乡村社区生活圈作为步行可达的最大生活圈，主要依托于美丽乡村，以有效供给延伸、优质服务下沉、社会资源开发为工作重点，以完整齐全、服务中心、产住融合、连点成网为配置目标。一方面，要求完整配套六大类服务，通过采用社区医养中心、社区服务中心等复合型服务中心的形式，实现集约布置、开放共享；另一方面，提倡产住融合，提高现有居住区内的服务业面积比例，探索混合住区试点。此外，《技术指南》还提倡借助绿色慢行系统，将服务中心和公共设施、公共空间、绿地绿道等连接起来，形成覆盖社区的公共服务网络。

2.2　30 分钟村镇生活圈

2021 年 8 月，《浙江省市、县（市、区）城乡风貌整治提升行动方案编制导则（试行）》提出县域公共设施城乡一体化建设、高质量共享的要求，明确进一步完善提升的内容和措施，其中就包括 30 分钟村镇生活圈的建设。

30 分钟村镇生活圈的构建以美丽城镇为主要依托，以增强能级、强化特色为配置目标。一方面，要求提升公共服务供给、推动服务业发展，以产业转型和消费升级的需求为导向，增强"稳"的基础和"进"的动能；另一方面，要找准自身定位、强化内在动力、培育特色产业以加强集聚能力，避免城镇之间重复建设、同质竞争的问题。

衢州常山县域风貌提升过程中以建设一体化县域公共服务设施、打造 30 分钟村镇生活圈为目标，一方面，通过打造高品质村镇生活圈，将党群服务和便民服务相结合，打通服务群众"最后 100 米"；另一方面，将社会组织和基层治理相结合，营造共建、共享的社会治理格局；此外，还将居家养老和医疗卫生相结合，打造医养结合的居家养老服务。同时，结合镇村体系形成设施分级覆盖——镇区以 15 分钟乡村社区生活圈为主体，全域形成 30 分钟村镇生活圈，以中心村为带动，共享服务设施（图 9-6）。

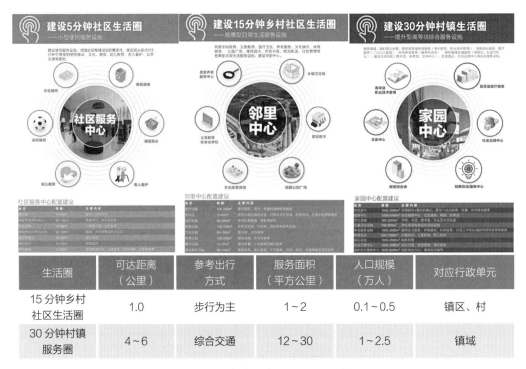

生活圈	可达距离（公里）	参考出行方式	服务面积（平方公里）	人口规模（万人）	对应行政单元
15 分钟乡村社区生活圈	1.0	步行为主	1~2	0.1~0.5	镇区、村
30 分钟村镇服务圈	4~6	综合交通	12~30	1~2.5	镇域

图 9-6 常山县生活圈设置原则
来源：常山县城乡风貌整治提升行动方案

3

"浙派民居"营建

为加强农房建设管理，健全乡村风貌管控机制，彰显浙派乡村特色，《浙江省住房和城乡建设厅 浙江省农业农村厅 浙江省自然资源厅关于全面推进浙派民居建设的指导意见》（简称《指导意见》）。《指导意见》提出，按照保护利用一批、改造提升一批、新建呈现一批的方式，分类打造、全面推进"浙派民居"建设，整体塑造浙派乡村风貌。

3.1 "浙派民居"规划设计体系

"浙派民居"是指以浙江特有的自然环境和吴越文化为基础，具有俊雅秀逸、尚古尊礼、敦宗睦族、简朴自然等特征的浙江地方民居建筑，包括传统形制的传统民居，也包含融合传统民居建筑元素、体现浙江风韵的现代民居。

"浙派民居"的规划设计要遵循"村庄规划＋乡村设计＋农房设计＋乡村风貌管控技术指引"的体系，在明确不同层级的空间管控和风貌管控要求的前提下，引导农民科学、合理、有序建房。同时，各地要在村庄规划设计的指引下，分区、分类组织制定乡村风貌管控技术指引，以明确每个村庄的风貌特色塑造指引和风貌管控要素清单，为农房设计和风貌整治提供指导。

"浙派民居"在规划设计之前，要全面调查梳理浙江传统民居的类型分布、形制特征和谱系演变，厘清不同文化分区传统民居的地域特征、文化特色及其历史成因，深刻把握传统民居所蕴含的历史文化价值；引导各地组织力量精心提炼传统民居的营建智慧和风貌特征，以县为单位编制符合当地个性化需求的农房设计技术指南；同时，提倡各地采用"微改造"的"绣花"功夫，加强公共空间塑造，整体改善山水林田湖和人居环境，实现富有江南韵味的"浙派民居"风貌与满足现代生活需求相统一。

设计服务过程中，要制定全省农房设计通用图集导则，统一设计深度和要件，建立全省农村住房设计通用图集库供农民选用，并根据实际需要，对建房村民选用的设计图无偿提供适当的修改服务；在此基础上，定期统计农民选用通用图集的情况，及时对图集库进行动态优化更新，完善设计服务。

丽水市松阳水墨小港县域风貌样板区的大东坝镇通过资源整合、风貌提升与共同富裕并重，活化利用一批老建筑。位于丽水松阳大东坝镇的石仓乡因有着礼、孝、贤、义代代相传的客家民俗文化、独具特色的客家美食，以及山峦叠翠、一泓清流的自然风景，因此，也被誉为"江南客乡、水墨石仓"，其重点围绕石仓乡的历史底蕴，梳理可利用空间，促进古民居的活化利用。石仓乡的山间有 30 余幢清代古民居，石仓文化民宿又隐于这些经历了岁月依然气势宏伟的明清古建筑群中。夯土老屋淳朴自然，6 幢古民居将浓厚的历史痕迹化作了民宿新貌。结合古建筑外貌复原，泥墙黑瓦的四合院天井融合新中式风格，原木色彩与现代设施碰撞，拆除院墙以营造开放性空间，使建筑与村内 30 多座明清古建筑融为一体（图 9-7）。

图9-7　丽水市松阳大东坝镇石仓古民居改造前后对比（左：改造前；右：改造后）
来源：浙江省城乡风貌整治提升工作专班办公室

3.2 "浙派民居"建设营造体系

在规划设计体系的基础上，根据《全面推进浙派民居建设、全域打造浙派乡村新风貌的指导意见》，浙江省建立"浙派民居"建设范式、分类推进"浙派民居"建设、整体推进"浙派民居"特色村建设。

浙江省制定"浙派民居"营建技术指南，加强农村建筑工匠队伍建设，建立全省统一的工匠名录库，建立分类分级的工匠专项职业能力认定体系，健全工匠专业技能和安全知识培训机制，实行工匠公共信用信息管理；定期组织开展全省农村建筑工匠技能竞赛活动，探索建立面向工匠的小额村镇建设工程招标投标机制；探索采用装配式钢结构等安全可靠的新型建造方式，推广应用绿色节能的新技术、新产品、新工艺。

此外，浙江省按照保护利用一批、改造提升一批、新建呈现一批的方式，分类打造"浙派民居"。对于传统民居，在保证房屋结构安全和消防安全的前提下，改善传统民居的内部功能和居住条件，同时注重发挥传统民居的历史文化价值，提倡因地制宜地改造为博物馆、文化馆、展示馆、邻里中心等公共空间，鼓励发展民宿、旅游等产业，进一步加强传统村落和传统民居的保护与利用；对结构安全、风貌不协调的存量民居，应结合县域风貌整治提升、传统村落风貌保护提升等工作，按照宜拆则拆、宜改则改、宜留则留的思路，鼓励以村为单位消除环境乱象，提升建筑风貌，营造公共空间，打造有品质的民居、有特色的庭院、有记忆的空间，体现浓郁的乡土气息和地方特色。对于新建房屋，应严格执行农房风貌管控要求，强化设计方案把关，提倡统一设计、统一施工、统一监管、统一验收的统建模式，同步完善基础设施和公共服务配套。

在全面开展"浙派民居"建设的基础上，浙江省住房和城乡建设厅要制定出台具体管理办法，加快推进"浙派民居"特色村建设，努力打造一批农房错落有致、环境优美宜居、富有浙派韵味的"浙派民居"特色村。

丽水市松阳水墨小港县域风貌样板区的大东坝镇茶排村对中心区域的 6 幢老屋进行修旧如旧的活化利用，由政府组织修缮，通过政策指引，梳理结构、设计软装，最大限度地保留了木雕"牛腿"、雕花等历史特色。茶排村引入社会资本，打造鸣珂里石仓文化民宿，设有 15 间客房及可容纳 80 人同时就餐的特色餐厅，入选浙江省白金宿名单。民宿在打造过程中保留老屋的原生态环境，用现代工艺对其进行防潮防霉处理，实现了历史沧桑感与现代舒适感共存（图 9-8）。

图 9-8　丽水市松阳大东坝镇茶排村老屋活化利用为民宿
来源：浙江省城乡风貌整治提升工作专班办公室

3.3 "浙派民居"风貌管控机制

"浙派民居"的风貌塑造既不能采用大拆大建式的统一刷白、集中拆违，也不能简单地模仿传统民居形式进行改造或新建。《全面推进浙派民居建设、全域打造浙派乡村新风貌的指导意见》针对"浙派民居"的风貌管控手段及其审批、建设和使用的3 个环节，给出了相应的提升意见。

①浙江省住房与城乡建设厅要会同浙江省农业农村厅、浙江省自然资源厅等相关部门加快推进农房数字化改革，全链条打通农房建房审批、设计施工、验收发证、使用安全、经营流转、拆除灭失等环节，全面推动农房建设管理制度重构、流程再造、体系迭代。

②在建房审批过程中，各地要严格落实带方案审批制度，确保设计方案满足管控要求；对不符合当地风貌管控要求的，应对设计方案进行优化修改。

③在建房过程中，各地要按照"大综合一体化"的行政执法改革要求，加快推进乡镇"一支队伍管执法"，严格落实施工"四到场"等制度，加强日常巡查监督，及

时发现并依法处置违法违规行为；加强农房"浙建事"系统应用，推行建房过程云上监管、日志管理、节点留痕，提高管理效能。

④在民居使用过程中，各地要严格执行《浙江省农村住房建设管理办法》的有关规定，落实乡镇的属地管理责任和网格员的日常巡查责任，加强农房风貌常态化巡查管理，及时发现和依法处置农房擅自改建、扩建行为，及时消除安全隐患。同时，浙江省住房与城乡建设厅要会同相关部门抓紧制定生产经营性农房安全的管理办法。

衢州江山市的城乡风貌整治提升行动方案强调保护民居风貌特色、展现地域风情；村落选址上遵循和吸收传统方案，依托良好的自然山水风光、地方传统风貌和建筑风格，做到房屋建筑依山就势、疏密结合，建筑风貌与自然环境协调统一（图9-9、图9-10）。

材料选择上鼓励使用乡土材料，传承乡土建筑的人文精神；梳理江山市乡村地区建筑风貌，凸显建筑形式、屋顶、墙体、细部等特征；按照历史建筑、传统建筑、现代建筑对已有村居进行分类整治，以山地型、盆地型两个类型对新建建筑提供设计方案。通过新建建筑引导、历史建筑整治，实现特色民居风貌和谐（图9-11）。

民居类型	整体特征	建筑要素			
		屋顶	墙体	单元	细部
山地型	主要分布在山地地区，所处地形复杂，村庄建筑错落，此类型建筑迎合地形，体量小巧，配色以灰黄色为主，整体风格朴素统一	一般为坡屋顶；陶瓦片铺制而成；主要为青黑色系和棕黄色系	以泥土和石材等材料搭建而成；土质墙体一般为本身	包括"一"形和合院型等院落形态；层高一般为一至两层	主要的装饰位置包括门、窗和梁等；装饰较为简洁，少有粉饰
盆地型	主要分布在盆地地区，与山水自然关系密切，尺度宜人，空间小巧，互相渗透，配色以灰白色为主，整体风格方正简洁	一般为坡屋顶；陶瓦片铺制而成；主要为青黑色系和棕黄色系	以砖石和木材等材料搭建而成；石质墙体一般粉刷成白色	包括"一"形和合院型等院落形态；层高一般为一至两层	主要的装饰位置包括门、窗、天井、梁和栏杆等；装饰简洁，以木雕和石雕为代表

图9-9 江山市特色民居建筑要素
来源：江山市城乡风貌整治提升行动方案

■ 民居风貌负面清单

■ 民居形式：
禁止新建民居采用现代风格、欧式等异域风情建筑；
禁止新建、翻建整齐划一、缺乏变化的"超高、超宽、超长"农房；
禁止新建民居超过3层，檐口高度不得超过10.5米；
不提倡大量新建或改造仿古民居、仿古廊桥、仿古长廊等刻意仿古建筑

■ 民居屋顶：
禁止新建民居采用中艳度以上的琉璃瓦、釉面瓦以及中高艳度的红瓦和显眼的蓝绿色的波纹板；
禁止单调的平屋顶或夸张的尖屋顶，不得在屋顶上随意支起顶棚

■ 民居墙面：
禁止建筑墙面使用中、高艳度的色彩，材质宜使用拉毛效果的涂料、亚光面砖或石材；不提倡使用彩色釉面砖，禁止使用中、高艳度彩色釉面砖；
不提倡大量使用纯白色涂料；
不提倡建筑立面过度使用墙绘

■ 民居细部：
禁止使用高艳度色彩的屋檐、阳台及装饰条、块等；
禁止使用不锈钢栏杆、水泥栏杆；
不得忽略门窗等传统细部构件的修饰

不宜使用的墙面案例

不宜出现的民居形式

不宜使用的屋顶案例

不宜出现的民居细部

■ 建议特色民居风貌意向

盆地型民居意向　　　　山地型民居意向

图9-10　江山市特色民居风貌意向
来源：江山市城乡风貌整治提升行动方案

图9-11　江山"仙霞探古"县域风貌样板区的"浙派民居"风貌
来源：浙江省城乡风貌整治提升工作专班办公室

4
美丽廊道建设

以打造"美丽城镇＋美丽乡村＋美丽公路＋美丽田园＋美丽庭院"的全域大美格局为目标，《浙江省市、县（市、区）城乡风貌整治提升行动方案编制导则（试行）》（简称《编制导则》）指出要通过明确特色定位、功能导向、重点风貌要素、串联路径、整治提升重点与方向，以及近期重点实施项目，形成全域串联的美丽风景带。在2021—2022年建设县域风貌样板区的基础上，浙江省提出了《美丽廊道整治提升策略指引》，期望通过美丽廊道整治提升，促进县域风貌区联动发展，把"一处美""一村美"变成"全域美"，达成廊道全域美丽环境，统筹城乡发展，带动全域美好生活，展示共同富裕成果。

4.1 美丽廊道涉及要素

美丽廊道是以山、水、林、田、路等要素为依托，联动美丽县域、美丽城镇、美丽乡村，串珠成链、连线成片，形成的面状或带状的区域，其布局和范围是基于县域自然景观格局、魅力空间识别和美丽城乡建设基础，依托沿路、临河、环山等特色带状空间而确定的。

美丽廊道是县域风貌样板区的重要组成部分，依托自然山水、道路交通、产业发展、特色文化、田园景观等串珠成链，形成面状或带状的连续性区域，是乡村与城镇之间的主要线性景观（交通线、特色慢行线与河流），串联周边生态空间、服务与休闲节点、产业资源、文旅资源等，组成复合空间形态，能够展现当地独特的乡村地域风貌与特色文化气质。美丽廊道涉及点、线、面三类构成要素，点状要素主要为与廊道紧密连接的传统村落、美丽城镇等；线状要素为县道、乡道、村道、绿道等，选取1条或1条以上的相邻道路为美丽廊道主线；面状要素包括河流水系、田园、山林等生态基底要素（图9-12、图9-13）。

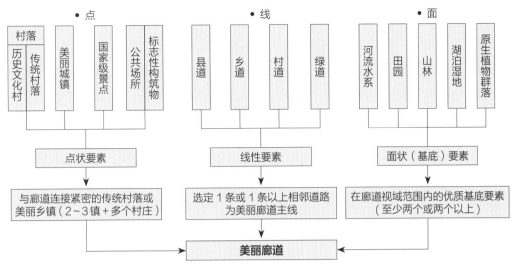

图 9-12　美丽廊道构成图
来源：《美丽廊道整治提升策略指引》

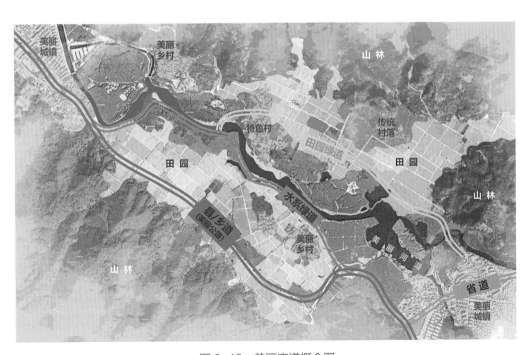

图 9-13　美丽廊道概念图
来源：《美丽廊道整治提升策略指引》

4.2 美丽廊道建设要求

美丽廊道的建设，整体上要达到基础设施普及、公共服务设施完善，风貌整体协调、特色鲜明的要求。在具体建设工作中，美丽廊道整治提升的工作重点为一个整洁的生态环境基底、一个美丽田园为代表的大地景观、一条可游可赏可达的美丽公路、一个可体验山水人文的绿道网络。美丽廊道串珠成链的对象主要包括因地制宜发展的特色产业、以人为本的生活服务圈、鲜明的文化标识或品牌、美丽城镇省级样板、"浙派民居"特色村或传统村落、落实未来社区理念的乡村新社区。

美丽廊道内的重点区域要坚持因地制宜和生态优先原则，充分利用山体、农田、河湖等元素进行绿化美化，对有破损山体、废弃地、矿山未治理点等，需要制定相应的治理措施。沿山（林）空间的美丽廊道建设要做到不破坏山体、林地；建筑布局合理，与山体和谐呼应；山林周边设置自然缓冲空间；沿水（河）空间要采用自然驳岸，配有开放的活力空间；沿田空间要做到村庄与农田相协调，田内路网完善，设施风貌融于周边环境，且不得有非法占用农田的现象。

衢州常山县域整体风貌格局塑造基于常山县域风貌基础、生态景观格局、美丽空间识别和美丽城乡建设，梳理沿路、临河、环山等特色带状空间，有机串联贯通各主要旅游景点、美丽城镇、传统村落、美丽乡村等特色节点，以及古驿道、游步道、健身道、骑行道等各类绿道，构建全域美丽的总体格局，重点打造6条美丽廊道。

杭州临安区以现有村落景区为核心，秉持"珠联璧合、串珠成链、连片成景"的原则划分各县域风貌样板区。4个县域风貌样板区依托地缘位置，以临安区耳熟能详的地名命名，囊括已有的村落景区和风景线，形成各具特色的美丽廊道。创建的村落景区是临安实现全域景区化目标的重要载体，也是实现乡村振兴的具体抓手，规划以"一标、三定、三化、四营"等为措施，"一标"即制定《村落景区临安标准》；"三定"即对照标准定规划，按照规划定项目，根据项目定资金；"三化"即村落景区创建实现了社会化投资、专业化运营、长效化管理；"四营"即资产入股、景区托管、村级合作、产业集聚4种村落景区的运营模式（图9-14）。

湍口暖泉

大明雪岭

琴山蓝湾

图 9-14　临安区城乡风貌整治提升行动美丽廊道建设成效
来源：浙江省城乡风貌整治提升工作专班办公室

第十章

城乡风貌整治
提升的浙江经验

1

城乡风貌样板区的概念定位及建设要求

1.1 样板区的概念定位

浙江省城乡风貌整治提升是整体，样板区试点是局部，是集成展示风貌成果的窗口。**样板区分为城市风貌样板区和县域风貌样板区，城市风貌样板区又可分为城市新区、传统风貌区、特色产业区 3 种类型。**

样板区的范围可结合详细规划单元确定。城市风貌样板区主要聚焦城市、县城的中心城区，可以包括规划确定的中心城区、规模较大的镇区（小城市培育试点、县域副中心）；传统风貌区不仅限于历史文化保护区域，还包括风貌格局较好的旧城改造片区，其中选择历史文化保护区域的一般不能仅包含核心保护区域，还应包含周边一定范围的更新区域，形成整体风貌。县域风貌样板区一般应由地域邻近、具有示范效应的美丽县城、美丽城镇、美丽乡村串联组成，其中美丽城镇不少于 2 个（原则上包含 1 个美丽城镇省级样板），美丽乡村不少于 4 个（原则上包含 1 个"浙派民居"特色村或传统村落、1 个乡村新社区）；2 个美丽城镇可以是 2 个小城镇，也可以是街道＋小城镇，体现全域共同富裕的建设要求。

1.2 样板区的建设目标和建设要求

样板区的建设目标是自 2022 年起，每年建成 50 个左右的城市风貌样板区，择优公布 20 个左右"新时代富春山居图城市样板区"；每年建成 30 个左右县域风貌样板区，择优公布 10 个左右"新时代富春山居图县域样板区"。截至 2022 年，浙江省成功建成 111 个城乡风貌样板区和 45 个"新时代富春山居图样板区"，样板区建设初见成效。

城乡风貌样板区的选址应符合国土空间规划的要求，且具有一定人口集聚能力、特色禀赋、经济发展与建设基础，通过建设改造和整治提升能达到示范引领作用。样板区的范围划定应遵循两个基本原则：一是要体现对外引领性展示度，要求交通便捷性和旅游可游性；二是要体现在地特色性，最好能体现当地的地域特性，包括民俗风情、特色建筑、自然风光等。样板区的范围划定不应避重就轻（例如刻意抠掉整治难度大的局部区域）导致边界破碎，边界要求相对完整，充分考虑周边山水林田湖等自然要素；县域风貌样板区的范围侧重串珠成链，空间形态可为带状、面状或线面结合，而非整个县域行政范围，例如连接线的范围为廊道视线所及即可。样板区建设要强调在现有建设基础上的整治提升，有一定的项目建设和投资额，不仅是建设形象的提升，还包括功能完善、治理能力提升以及政策机制创新。

1.3 样板区的建设原则

样板区的建设原则有4点：第一是规划引领、整体协调，坚持先规划后建设，注重规划谋篇，注重整体性和协调性，注重设计引导，因地制宜；第二是彰显特色，文化传承，坚持保护和发展相统一，注重挖掘和展示浙江的文化底蕴，体现文化自信，着力增强"重要窗口"的风貌辨识度；第三是未来导向，系统治理，注重未来社区理念指引，坚持以人为本，坚持绿色发展导向，注重与未来社区建设等已有工作的深度融合和集成推进；第四是示范引领，全面推动，注重更新改造和整合提升，强调量力而行、民生导向，走出一条城乡风貌整治提升的科学路径。

2
浙江省城乡风貌样板区优秀案例

城乡风貌样板区优秀案例包括城市风貌样板区案例和县域风貌样板区案例。其中，城市风貌样板区案例包括城市新区类、传统风貌区类、特色产业区类3种类型。

2.1 城市新区类

（1）宁波市鄞州南部创意魅力城市新区风貌样板区
宁波市鄞州南部创意魅力城市新区风貌样板区是鄞州区的城市门户，对推进产业

图 10-1 鄞州公园的中心湖与周边 CBD
来源：浙江省城乡风貌整治提升工作专班办公室

转型、提升城市功能、发展城市经济、打造品质城区起着重要作用，建设范围 285.34 公顷。样板区在南部商务区高品质建设的基础上，纳入鄞州公园、宁波博物馆等优势资源，统筹规划，结合"精品线路、特色街区、亮点工程"建设，将样板区建设成为"共同富裕样板区、创意魅力示范区、未来城市引领区"（图 10-1）。

案例强调统一规划、单体自建、公基统建。南部商务区注重整体建设，由政府确定区块规划设计的总体方案，业主单位在同一时间内完成单体建设方案，公共设施由区城投公司统一建设，实行共用共享；地下空间与人防工程集中整合、联合建设、统一管理的经验，被誉为浙江省城市人防工程"整合建管"新样板。

案例注重风貌提升、项目联动、活力营造，结合"精品线路、特色街区、亮点工程"，实施鄞州公园一期八景与水质提升、南部商务区城市环境提升等城乡风貌提升工程，包括下沉广场、中央广场、桥下空间及滨水岸线等环境要素，主要项目于 2022 年 5 月基本完成，其中水街已被评为"浙江省高品质步行街建设培育对象"。

（2）嘉兴市南湖"烟雨江南·红船圣地"城市新区风貌样板区

案例位于嘉兴市中心，总面积 303 公顷，北至平湖塘，南至南溪路，西至鸳湖路，东至中环东路（图 10-2）。

案例围绕城乡风貌整治提升基础性、特色性和创新性 3 个方面以及"n 个一"要求，建设完成南湖湖滨区域改造提升、南湖景区景观提升、南湖国际俱乐部改造提升、纺工路沿线景观风貌整治工程、景湖路综合改造、东塔路综合改造等重大投资项

图 10-2　南湖"烟雨江南·红船圣地"城市新区风貌样板区
来源：浙江省城乡风貌整治提升工作专班办公室

目，形成红色之美、和谐之美、生活之美、人文之美、自然之美"五美"于一体的"整体大美、浙江气质"的南湖城乡新风貌。

（3）杭州"心相融达未来"亚运风貌样板区

案例位于钱塘江南岸，与钱江新城遥相呼应，横跨滨江、萧山两区，总面积873.6公顷，是杭州市沿江新区风貌和亚运风貌的集中展示区。通过同规划、共建设，同目标、齐步走，杭州将吴越文化、亚运文化有机融入样板区，以"亚运新图景、城市新客厅、钱江新地标"为总体定位，通过"融合跨区空间、融汇文化长廊、建设品质之城、普惠全民运动"4个方面的提升行动，建设江滨国际都会之貌，凸显未来公园城市之象，展现勇立潮头的拼搏之风，营造全民共富共享之意。

案例注重以人本共富为目的的城市品质提升。围绕杭州市城乡风貌整治提升"十大专项"行动中的"路美美"，开展六大道路整治项目，全面提升道路景观、交通设施、夜景亮化、城市家具等六大层面，为样板区打造一个便捷的道路交通网络；结合"水电＋围垦＋亚运"文化，融入人本化的理念，改造提升社区内原本功能零散、碎片化的室内外空间，在高效利用的同时打造出充满活力的社区展示面；通过老旧小区和未来社区双示范，打造温暖舒适的居住环境，不断提升居民的幸福感和获得感。

案例还打造了以绿色宜居为宗旨的生态体系，通过"点线面"3个维度，贯彻"十大专项"行动中的"绿通通"：点上，提升钱江世纪公园、缤纷未来公园，新建奥林匹克体育中心公园，形成样板区内高品质城市公园三足鼎立的格局；线上，提升一条5公里的沿江最美之江绿道，将样板区内的重要节点有机串联起来；面上，全面提升样板区内12条主要道路的绿化景观。三管齐下，为样板区提供了近40万平方米的绿化景观，打造绿色生态的城市新区（图10-3）。

图 10-3　杭州奥林匹克体育中心
来源：浙江省城乡风貌整治提升工作专班办公室

2.2　传统风貌区类

（1）金华市婺城"水韵古婺·燕舞三江"传统风貌样板区

案例位于金华市区金华江、东阳江、武义江三江交汇处，面积约66.6公顷，样板区以古子城景区和八咏楼社区为核心，北至人民东路，东至万佛塔公园东侧江边—宏济桥—东市北街，西至胜利街，南至婺州古城东阳江畔，涉及万佛塔公园、婺州古城景区等，是金华"三江六岸"的重要组成部分（图10-4）。

案例聚焦传承文化根脉、保护古城格局。婺城尊重、顺应古城肌理、建筑风貌及空间尺度，传承和复兴本土特色文化，通过引入非遗匠人工作室，打造火腿馆、酥饼馆、中医馆、府酒馆、道情馆和婺剧院等非遗文化展示中心；以本土特色饮食文化为主题，打造熙春巷"特色饼一条街"，以古城原真文化为主题，全力复建城垣遗址、万佛塔、文庙，开展酒坊巷保护式修缮和老六中校舍的古风改造。

案例还聚焦风貌整治，提升城市颜值。婺城通过狠抓项目品质，全面推行样板先

图 10-4 金华市婺城"水韵古婺·燕舞三江"传统风貌样板区
来源：浙江省城乡风貌整治提升工作专班办公室

行制度，全力打造古城改造示范区，精选了 35 家中华老字号、本土名牌、网红商户落户进驻，丰富古城业态；在夜间引入光影科技手段，营造传统文化与现代科技相互交融的梦幻场景，提质、提档、提级，让古城可游、可玩、可看。婺城还关注老旧改造，加快城市更新，把握样板区建设的契机，统筹推进八咏楼未来社区提质升级，核心聚焦"一老一小"服务功能，提升原住居民的幸福感、获得感。

（2）温州市鹿城禅街—五马街—公园路传统风貌样板区

案例位于温州市鹿城区五马街道，建设范围 45.5 公顷。样板区内传统街巷纵横交错，保留众多建筑遗迹与非物质文化遗产，包括大量集中成片的中西合璧建筑，街巷两侧分布着大面积传统居住区，生活氛围浓厚，"前市后居"的特色显著（图 10-5）。

案例注重保育活化，打造赋予古韵新生的品质街区。一方面，样板区精准施策，按照政策创新、业态活化、管理赋能的建设思路，创新推出"点式"协议搬迁等拆改模式；另一方面，分段提升，贯通串联街区风貌，先后启动蝉街、五马街、公园路等三大重点改造提升项目，形成以 1400 米高品质商业步行街和 14 条背街小巷为脉络的街区结构，同时注重文旅融合，打造彰显瓯越文化的魅力街区。一是做精文化植入，擦亮南戏故里、山水诗发源地两张"金名片"，通过重建城隍庙古戏台，推出 60 场台戏曲演出活动，持续打响"南戏故里""东山讲堂""温州三十六坊"等文化品牌；二是做实文旅项目，修缮古建筑、老宅院 262 处，重点打造温州科技馆、东山书院等

图 10-5 鹿城"浙南百年第一街·斗城文旅新地标"
来源：浙江省城乡风貌整治提升工作专班办公室

7 个街区博物馆；三是做深红色课题，推进红色展馆建设，串联、打造集古城人文景观、中西融合建筑、传统非遗技艺、城区革命历史为一体的文旅研学线路。

同时，案例注重空间融通，打造富有烟火气息的生活街区。一是规划整体业态新格局，迭代升级智慧商圈数字化平台，打造集销售额统计、智慧安防、线上商城等功能于一体的五马智慧商圈数字化平台，入驻商户 800 家；二是擦亮传统字号金招牌，集聚全国知名的温州本土鞋服品牌，注重本土传统老字号、特色名小吃集中培育；三是引流首店经济优消费，大力发展扶持"首店、首秀、首发"及文创业态，更新店铺业态 380 家。

2.3 特色产业区类

（1）绍兴市上虞曹娥江一江两岸特色产业风貌样板区

案例位于上虞主城区西侧，母亲河曹娥江与杭甬运河交汇处，总面积约 2.7 平方公里，是曹娥江沿岸的重要视觉焦点，是杭甬高速、常台高速南向进入城市的门户窗口。依托优越的地理位置，该样板区优化配套设施，发展数字经济，培育特色产业，利用 e 游小镇平台，加快推动"游戏、影视、动漫、视听阅读"四大特色产业集群发展（图 10-6）。

案例强化融合发展，聚焦品质共享。样板区通过重点建设一江两岸生态景观带，

图 10-6　上虞曹娥江—江两岸特色产业风貌样板区
来源：浙江省城乡风貌整治提升工作专班办公室

全面融合"水利、景观、文化、休闲、旅游"等多种功能，着力构建"人在江中游，城在岸上走"的景观新格局。为了提升城市成色，样板区陆续建成城市阳台、门户客厅、青春公寓、游船码头等特色建筑和配套设施，优化产业服务和城市生活功能配套，同时打造文化特色，在曹娥江沿岸布局城市 e 游书吧、虞舜书画院、非物质文化遗产展示馆等八大文化艺术场馆，免费为市民提供多样化公共文化服务。

案例还强化创新驱动，聚焦集群智造。样板区以招商育企为统领，坚持"招进来、育起来"，吸引有效投资，引进数字企业，培养国家级高新技术企业；坚持"引进来、留下来"，通过专场招聘会等方式帮助企业招才引才；坚持"联起来、活起来"，充分挖掘上虞传统 IP（知识产权），讲好上虞故事，制作《天青》《女儿红》《五彩米》系列动画，打通"文漫影游"产业资源与"美丽经济"转换通道。

（2）杭州市富阳公望富春特色产业风貌样板区

案例位于富春山居图卷首段的富阳东洲街道，规模约534公顷。案例融合"亚运"主题与"黄公望"文化，以风貌整治促片区发展，重现"百里富春山居图、五十里春江花月夜"的华彩（图 10-7）。

图 10-7　富阳公望富春特色产业风貌样板区
来源：浙江省城乡风貌整治提升工作专班办公室

案例以北支江水上运动中心建设、北支江综合整治、沉浸式夜游项目为风貌提升重点精品工程。样板区结合场馆赛后运营、水上运动基地建设，点燃"亚运水赛场，活力江上游"的体旅产业主引擎，以傅陆学艺馆、两岸青年创业园区建设，打开"海峡两岸交流基地"的文旅产业新窗口，以"公望女管家""山居风貌谈""村民风貌手册"，探索基层治理新模式，联动黄公望村未来乡村建设，将风貌管控与民宿、农家乐等民生产业有机结合，打造兼具隐市山水之静和水上亚运之动、百姓乐享共富的特色产业风貌样板区。

2.4　县域风貌样板区案例

（1）台州市仙居白塔—淡竹"神仙画游"县域风貌样板区

案例位于白塔镇、淡竹乡境内，含高迁、感德、下陈朱等 11 个村，规划面积18.7 平方公里。样板区生态环境优越，森林覆盖率超过 90%，有"天然氧吧"之称，是国家 5A 级旅游景区——神仙居景区所在地。中国"最美家乡河"永安溪、浙江省级"美丽河湖"十三都坑与"浙江最美绿道"永安溪绿道共同交织出蓝绿和谐的生态基底（图 10-8）。

案例聚焦创新机制的打造。样板区聚力三大举措：一是"三专三动"工作制度，实行"专班推进、专业指导、专人负责"的三专、"政府推动、部门协同、上下联动"

图 10-8 仙居白塔—淡竹"神仙画游"县域风貌样板区
来源：浙江省城乡风貌整治提升工作专班办公室

的三动工作制度，各司其职，精准发力，狠抓落实；二是"五微五夜"工作路径，以"微议会"决策、"微艺术"指导、"微课堂"培训、"微程序"办理、"微基金"保障的五微，"夜学、夜巡、夜访、夜议、夜谈"的五夜为工作路径，解决城乡风貌整治提升工作中存在的问题和短板，形成共商共建共享的良好氛围；三是"六不闲着"工作方法，仙居县构建"不让每一位党员、每一个群众、每一块土地、每一间房屋、每一分余钱、每一门手艺空闲着"的"六不闲着"工作方法，定期开展村庄四化整治攻坚月和相关村庄、乡镇考核比拼。

案例还注重精准施策。样板区聚焦"三大抓手"：一是政策集聚，出台了《仙居县"一户多宅"及历史遗留非法住宅综合整治实施方案》《"三绿"治理制度》等政策，为城乡风貌整治提升打下坚实的基础；二是资金集聚，整合美丽城镇、美丽乡村等建设资金 2.1 亿元用于投入风貌整治提升，撬动工商和社会资本 80 多亿元，投入文旅民宿等产业和乡村建设；三是人才集聚，通过外引内育，打好引才育才牌，集聚优秀人才，搭建"台州院士之家"平台，聘请台州市"500 精英计划"人才作为首席规划师，邀请城乡风貌整治提升方面的专家对样板区的村庄开展"一村一团队、一村一策划"的一对一全程指导。

（2）湖州市德清绿色生态旅游发展县域风貌样板区

案例位于德清县西北部，规划面积约 64.40 平方公里，以莫干山镇、武康街道作为核心城镇节点，重点串联五四、高峰、燎原、劳岭、仙潭、南路、四合、北湖、筏头和对河口等 10 个村落，以"五态融合"促"三生优化"为导向，突出两大镇街在县域风貌、公共配套等方面的优势作用，通过"整合生态空间、打破行政边界、绣花式布景、统筹设施供给、差异联动发展"走出了一条富有德清特色的城乡风貌整治提升新路径（图 10-9）。

图 10-9　德清绿色生态旅游发展县域风貌样板区的"美丽河湖"劳岭水库
来源：浙江省城乡风貌整治提升工作专班办公室

　　案例依托资源禀赋，不断推进文旅、体旅、农旅的深度融合。样板区积极承办国际竹海马拉松、TNF100 莫干山越野跑挑战赛等 50 余场重大赛事，每年吸引近万人参加，打通美丽经济、美丽风景双向转换通道；案例同时做优做强民宿特色产业，持续放大"洋家乐"品牌效应，先后引进休闲度假类重大项目 19 个，总投资超 120 亿元，结合"创谷"经济谋划，引进之江实验室莫干山基地、长三角青年科创基地、红鼎研究院等一批高质量科创项目。

　　（3）丽水市景宁畲乡之窗县域风貌样板区

　　案例位于景宁畲族自治县城区西北侧，整体呈带状，沿瓯江小溪分布，包括红星街道和大均乡，曾获山区 26 县美丽县城省级样板、全国民族团结进步模范集体、浙江省"千村示范、万村整治"工程先进集体等多项荣誉（图 10-10）。

　　案例保留畲族韵味，传承民俗文化。样板区通过深入挖掘各类畲族文化元素，强力推进历史肌理、民族风味和城市业态的有机融合；通过做精婚嫁活动，做靓歌舞一台戏，做特陈列馆、民俗古街、田园风光等游览内容，打响了畲乡风情旅游品牌，同

图 10-10　景宁畲乡之窗县域风貌样板区的红星街道人民中路
来源：浙江省城乡风貌整治提升工作专班办公室

时通过多渠道筹措资金，建立了"民族文化发展专项基金"，用于挖掘和抢救一批濒临消亡的民族文化项目，把畲族婚俗、祭祀、山歌、彩带编织技艺等民族文化遗产更好地保留下来，目前已被列为浙江省非物质文化遗产旅游景区。样板区还坚持"文旅融合"，实现"两山转化"，在畲族传统产业的基础上积极引入生态农业、旅游农业、养生休闲等旅游功能，开展露营、观星等户外体验类活动，凝聚更多人气和活力。

3
风貌整治提升的运管创新案例

3.1　数字赋能的智慧运营模式

（1）绍兴市柯桥大渡未来社区

绍兴市柯桥大渡未来社区注重夯实数据基础，搭建了"1+2+X"建设框架，即 1

个数字驾驶舱，"浙政钉"治理端、"浙里办"服务端 2 个端口，党建、邻里、健康、教育、服务等 X 个子场景，可以进行量化分析、跟踪比对，监测运行效能，为居民与社区工作人员提供精准导航和标准化服务（图 10-11）。

图 10-11　柯桥大渡未来社区
来源：浙江省城乡风貌整治提升工作专班办公室

案例同时强化资源集成，制定了多部门资源开放协同方案。社区整合组织、宣传等 17 个部门资源，依托浙江省一体化智能化公共数据平台，共享城市大脑、智安小区、文智大脑、健康大脑等四大公共数据库。同时，集成各路视频监控，如人脸识别门禁监控、人车流量和重点管理人员监控、高空抛物摄像头、电梯物联网监控、垃圾分类箱监控等，通过接入调用、交互共享、自动采集等方式完成各类数据的共享集成，实现平台共用、信息共享。

（2）金华市义乌鸡鸣山未来社区

鸡鸣山未来社区位于义乌市江东街道，聚焦数字赋能，围绕"便捷、智治、长效"，整合打造"三心三带三区"九大未来都市生活场景，形成一端口进入、一平台集成、一站式服务的掌上社区。居民可实现"线上＋线下"共同参与，共建共享高品质社区。

案例聚焦"数字＋服务"，打造一站式"掌上生活圈"。社区深度打造"智慧健康站"，为居民提供自助体检、健康科普等诊疗服务，融合"家庭病床""数字家医"

等线上应用，提供"一对一"上门服务；整合专业教育资源，聚焦"一老一小"，常态化开展助老惠老服务，多形式开展儿童服务项目；变"外人"为"家人"，上线"积分制兑换汉语课程"应用，引导外籍居民参与"洋打更""国际老娘舅"等基层治理志愿服务，通过线下教学、线上直播等方式，开展文化交流活动，提供多语种培训。

案例还注重"数字＋治理"，构建"全周期"基层智治新格局。例如，社区通过开发"问需于民热力图"，成功实现多平台数据回流，动态精准掌握居民需求；集成高频使用的"关键小事"和家门口服务，开发社区智慧服务平台，实现居民服务两端入口、社区管理一平台集成；开发"智慧党建"应用，实现党员发展、教育、管理全过程监督，成立区域化党建联盟，上线"鸡鸣山议事厅"应用，实现社区治理场景、服务场景的深度运用等。

案例同时重视"数字＋机制"，探索"契约化"运营新模式。社区联合多部门多跨协同，以"公益＋经营"的形式探索合伙人制度、购买服务等模式，打造了一批公益性经营团体；同时，引入12家第三方专业服务团队，建立政府补助退出机制，开展市场化、多渠道的居民增值服务，推动社区治理、社团活动、特色课堂等多向发展，探索形成一条"模式可复制、成本可控制"的未来社区建设之路。

（3）舟山市新城如心未来社区

舟山新城如心未来社区位于舟山市定海区临城街道，规划单元400公顷，实施单元25公顷，为第三批未来社区创建项目。如心未来社区深刻把握未来社区是共同富裕现代化基本单元的属性，聚焦未来邻里、教育、健康、治理、服务五大主场景设计，统筹创业、交通、低碳、建筑等其他场景，构建九大场景集成创新体系，打造舟山海上花园新名片；开发上线如心社区App、如心社区智慧运营中心（IOC），突破数据壁垒，融合交通、人社、文旅、民政等10余个部门数据，推动多跨场景落地，实现社区"可管、可控、可视"的精细化管理服务（图10-12）。

案例打造了多跨场景驱动治理引擎。目前，社区已经开发上线了如心未来社区智慧运营中心（IOC）、如心社区App，并上线"浙里办""浙政钉"，居民可通过数字平台实现报事报修、住户管理、家政服务等18项社区生活服务功能，将如心社区智慧服务平台与社会治理数字化平台、街道工作综合管理平台互融互通，实现居民办事不出岛。

案例还强调数字赋能。在老年健康保障方面，联合社区卫生服务站，推出便民举措，为老年人开设绿色通道，提供居家医疗等服务；在社区医疗服务站建设了24小

图 10-12　新城如心未来社区智慧运营中心（IOC）
来源：浙江省城乡风貌整治提升工作专班办公室，《共同富裕现代化基本单元规划建设集成改革典型案例一》

时便民药房，让全龄段居民畅享便捷生活；同时，还建设完成如心邻里运动中心，建成智慧跑道、智慧球场，居民通过如心社区 App 可以实现一站式场所预约、健身数据查看等功能。

（4）金华市兰溪市洋港村未来乡村

洋港村未来乡村位于兰溪市游埠镇，通过"八房四景二中心一礼堂"应用场景建设，推进乡村生态空间、产业发展、人居环境、基础设施、便民服务及乡村治理的系统性重塑，推动美丽环境、未来产业和未来文化等融合发展，实现农村生产、生活方式的迭代升级（图 10-13）。

案例注重打造未来乡村数字化场景。村庄通过出台《兰溪市幸福兰"八房四景二中心一礼堂"建设实施意见（试行）》，从场景功能、设施布局、管理机制、场景效果等方面明确统一建设标准，搭建了"洋港村未来数字舱"，通过整合各类数据资源，

图 10-13　兰溪市洋港村未来数字舱
来源：浙江省城乡风貌整治提升工作专班办公室，《共同富裕现代化基本单元规划建设集成改革典型案例一》

动态掌握各类信息。村庄尤其注重推进未来乡村数字应用落地，推进未来乡村游埠镇洋港村上线"浙里办"数字社会"我的家园"，落实交警e键办、健康兰溪、e家书房、智配直享、e通兰溪、智守护、享优待7项社会服务，实现全村60岁以上老人健康状况的实时监测、老年群体人脸识别用餐的"阳光厨房"、智能手环定位的"关爱地图"等特色应用，打造"家门口养老、离家不离亲"的乡村养老服务体系。

案例还重点推动未来乡村数字化运营。村庄通过推动直播带货、电子商务、养生民宿、文化创意、运动健康等新兴业态发展，帮助农民增收致富，成功吸引投资并推动多个项目落地。

3.2　协同共治的可持续运营模式

（1）杭州市余杭良渚文化村未来社区

良渚文化村未来社区位于杭州市余杭区良渚街道，通过区—街—社三级协同发力，打造"治理、生活、文明"共同体，搭建"政企合力、社区补位、居民参与"的可持续运营架构，围绕"一统三化九场景"，建设共同富裕现代化基本单元，构建了党建引领、各级协同、多元共治的可持续运营模式（图10-14）。

案例重视强化红色轴心，发挥社区"大党委"统筹整合能力。社区通过加强社区、物业、业主委员会的"三方协作"，推动协同治理，以民主协商凝聚共同价值。社区在线下打造村民议事厅，在线上开通"阳光议事"，建立"阳光议事团"，以"线上议、线下决"的方式开展"阳光议事"、邻里协商等，先后解决了社区停车难、宠物管理难等多个焦点问题。

案例同时注重深耕邻里文化，推进"文明有礼"精神共富。社区通过日常生活中的邻里互动来塑造社区，以"村民公约"为核心，持续推动"村民日""村晚""村民学堂"等大量"村"系列的服务配套与社群活动落地。丰富多彩的社区活动维系着邻里交往，也提升了居民对文化村的归属感。

图10-14　余杭良渚文化村未来社区的村民公约
来源：浙江省城乡风貌整治提升工作专班办公室

共同富裕背景下浙江省城乡风貌建设的理论与实践

　　案例还引导多方参与，实现长效可持续运营。在未来社区创建中，良渚文化村构建了"政企合力、社会补位、居民参与"的长效运营模式——政府主导增补优质社区公共服务配套，运营商统筹市场化服务盈亏平衡，推动社区有序生长，良渚社区公益基金会补位社区管理，引导居民积极参与等。

　　（2）宁波市鄞州和丰未来社区

　　和丰未来社区地处宁波市三江口核心区，围绕"人人参与、人人尽责、人人共享、人人出彩"的理念，以丰字形党建统领为核心，以推进"乐居、创业、情感、智治"4个共同体建设为主要抓手，大力推行党建融合、自治融合、法治融合、德治融合、服务融合、协同融合的"六融"共建，率先打造可感知、轻量化、可复制的共同富裕现代化基本单元示范样本（图10-15）。

图 10-15　鄞州和丰未来社区
来源：浙江省城乡风貌整治提升工作专班办公室

　　案例通过街道党工委、和丰区域党委、社区党总支，在未来社区建设中紧抓统领方向、统盘规划、统建组织、统合资源的"四统主责"。社区深化"一核带三建"，即建强大联盟、建好"红管家"、建密小支部，构建协同高效的"共建未来"变革型党组织；同时，倡导"一员领三人"，即以党员为先锋、红色联盟出"和伙人"、志愿团体招"丰彩人"、社区居民成"众智人"，充分发挥出党组织的引领力、凝聚力。

　　案例还重视闭环式融合治理，实现共建共治、可推广的"众智＋共治"模式。社区通过全面推行"红管家"议事平台、"帮忙办"条块部门下沉议事平台、"小和说事"

200

居民自议事平台，推行"说、议、筹、做、评"五步法，实现党领导、政府指导的"群众＋社会"自主治理。同时，探索"网格＋网络"的治理手段，把支部建在网格上，在党员、业主委员会中遴选"自燃型"网格长，建好"微信群""地图册""档案馆""考评表"，率先建立"楼道长微网格"走访制度，妥善解决垃圾房改造、柴家漕路违规停车等难题，实现"大事全网联动、小事一格解决"。

（3）温州市鹿城府东未来社区

府东未来社区位于温州市鹿城区，着力从人本化、生态化、数字化3个价值维度，坚持需求导向、红色党建统领主线，以"红绿共舞、乐活府东"为目标愿景，植入数字化运营体系，致力打造一座红色党建引领、央区绿轴共融、商圈社区联动的乐活社区典范（图10-16）。

图 10-16　鹿城府东未来社区
来源：浙江省城乡风貌整治提升工作专班办公室

案例打造"乐享活力圈"，实现商圈社区联动的全景共享服务。社区通过建立商圈社区共融共建机制，实现社区居民与印象城商圈的活力联动：一是用积分系统助力商圈共建，构建以"幸福币"为核心的社区积分管理体系，整合优质商家资源，建设社区线上线下运营平台，吸引商家与居民共同参与社区建设；二是用潮汐停车的方式缓解车位不足，通过数字赋能，整合挖潜可共享的停车泊位，纳入统一的管理和运营；三是用"健康小屋"完善社区养老，引入"约服务、享优待、智守护"三大养老智能功能，实现家庭医生签约服务，提升社区健康管理一站式体验。

案例同时打造"一站邻里芯"，整合挖潜存量空间，打通便民服务"最后一公里"：一是一站式功能集成，整合市属国企两幢楼宇资源，打造总面积1.6万平方米一站式社区邻里服务综合体，立体集成城市书房、百姓健身房、文化礼堂、社区学院、卫生服务站、数字展厅、邻里公园等"高密度、全场景"的社区服务功能；二是精准化服务供给，以需求导向定制邻里活动，做强"南小汇"文化品牌，组织"红歌荟""粒粒扣""创意坊"等一系列特色活动，深得群众欢迎；三是数字化平台增效，打造邻里积分、幸福学堂、能人帮等十大特色生活服务应用，构建24小时全天候、全场景服务。

（4）丽水市遂昌县蕉川村未来乡村

蕉川村未来乡村位于遂昌县新路湾镇东部，聚焦"千年粮仓·常乐蕉川"主题，以数字乡村平台推动治理迭代升级，深化自治、法治、德治、智治"四治融合"的乡村治理格局，走出了一条以"善治"促"共富"的未来乡村建设道路（图10-17）。

案例用"一元村官"点燃发展新引擎。在"一元村官"（任期内不拿村里一分钱，不碰村里的任何工程项目，只是象征性地领取一元报酬）的带领下，村庄建立了以"村党组织+网格党支部+党员红小二+人民群众"为主干的党建系统，引领未来乡村建设新主线，实现基层党组织领导下的民事民议、民事民办、民事民管的乡村治理格局。同时，推行党员"积分制"管理办法，将未来乡村建设等重点工作纳入党员积分管理，并把积分考评结果作为党员评先树优、宣传表彰、培养使用、组织处置的重

图 10-17　遂昌县蕉川村未来乡村
来源：浙江省城乡风貌整治提升工作专班办公室

要依据，使得乡村建设的内生动力不断增强。

案例还强调以"信用治理"激发共建新活力。村庄构建以"省公共信用积分 ×50% ＋ 基层治理赋分"的"遂心分"指标体系，实现对自然人主体"法治"信用画像与"德治"信用画像的有机结合。同时，村庄通过信用乡村"服务端"和"治理端"应用，以数字化技术实现指标数据智能抓取、积分数据自动运算，满足了在应用上实现村民个人积分一键查询、治理事项一键反馈、商城物品一键兑换、结果数据一键申诉等功能；采用赋分赋码，建立个人信用体系，打造以"信用 ＋ 乡村治理"为主题的未来乡村场景应用，充分激发村民参与未来乡村建设的积极性，探索具有蕉川村特色的"四治融合"模式。

3.3　政企联动的市场化运营模式

（1）杭州市上城杨柳郡未来社区

杨柳郡未来社区位于杭州市上城区彭埠街道，占地面积 65 公顷，自 2021 年 5 月列入全省未来社区创建名单以来，坚持党建统领、政企联动和居民参与，聚焦"一老一小"关键人群、"年轻活力"主体人群的多元化需求，在服务升级、环境营造、机制创新等方面先行先试，着力打造"老幼友好"的治理共同体、"潮邻特色"的生活共同体，积极探索存量社区迈向共同富裕现代化基本单元的有机更新路径（图 10–18）。

图 10–18　上城杨柳郡未来社区的郡约广场
来源：浙江省城乡风貌整治提升工作专班办公室

案例强调"普惠+商业"，夯实老幼共享的基础民生服务。社区坚持政府有为、市场有效，精细化织补"一老一小"民生服务网络，创新医养结合模式，打造家门口的康养联合体，结合社区嵌入式的五星级居家养老服务中心，增设智慧健康站，开通市级医保，与邵逸夫医院共建"云诊室"，新建"未来健康屋"，提供"自助检测+健康档案"服务，实现"小病不出社区，养老不出远门"。同时，社区针对不同消费群体提供差异化的托育服务，在现有市场化运作的奇妙园早教、恐龙蛋蛋托育机构的基础上，依托党群服务中心增设普惠性托育服务，以公建—民营的方式联合打造0~3岁托儿班、青少年感统训练营，让家长实现陪伴儿童健康快乐成长全过程。

案例注重"激活+复合"，打造老幼皆宜的品质人居环境。社区通过深入调研"一老一小"关键人群的需求，采取"微更新+复合利用"的方式，升级打造长幼友好的社区公共空间，满足儿童随时随地玩耍探索、老人家门口健身运动的多元化需求。

案例还重视"参与+共创"，营造老幼同乐的活力"潮邻生活"。基于当地老幼群体特征，社区积极创新模式机制，营造面向未来、全龄共享的"潮邻"生活方式。同时，社区深入践行"以社区为家、在社区当家"的理念，开展儿童议事厅项目，让孩子以"主人翁"身份参与社区及城市治理，建立"儿童发起—学校收集—社区承接—部门落实"的完整闭环。

（2）湖州市长兴齐北未来社区

齐北未来社区位于长兴县龙山街道，实施单元48.2公顷，规划单元142公顷，以"齐健康，奔未来"为主题，打造以"美好家园"为核心的高品质生活空间，同时通过重新梳理社区存量空间，高效整合配套资源，优化公共空间，以数字智慧为支撑，打造区域社区活力引擎，探索成为辐射5~10分钟生活圈、社区有机更新和数字化改造的示范样本（图10-19）。

案例重视辅助设施全覆盖。以"室内行走便利、如厕洗澡安全、厨房操作方便、居家环境改善、智能安全监护、辅助器具适配"为主要目标，社区筹措多方资金，以多部门协同，为社区内的高龄、失能和残障老年人家庭实施居家适老化改造，在床边安装护栏（抓杆）、"一键报警"装置等细致设施，实现居家适老化。

案例还强调构建医养结合模式。社区充分挖掘市场潜力，建立政府主导、多方社会力量协同的运营管理机制，延伸服务触角，推动医养结合，实现居家养老服务中心长效管理。同时，社区通过打通社区智慧服务平台与居家养老服务系统，实现数据协

图 10-19　长兴
齐北未来社区
来源：浙江省城
乡风貌整治提升
工作专班办公室

同和服务多元，配备专业护理人员，为老年人提供日间照料、运动提醒、定期复诊、配药送药等个性化服务。

（3）衢州市龙游翠光未来社区

翠光未来社区位于龙游县公共文化服务核心区域，既承载着"古城新县、山水龙游"的生态本底，又焕发出"翠光新辉、梦想 e 家"的蓬勃朝气（图 10-20）。

案例大力推动政企合作和部门联动的共建共享。目前，已有 14 个部门参与未来社区共建，实现场景深度融合，同时借"双减"的东风，对未来社区核心地段内 1.2 公里的教培机构进行整体提升，通过企业入驻"乐学 e 家"、政府购买服务、共享场

图 10-20　龙游
翠光未来社区
来源：浙江省城
乡风貌整治提升
工作专班办公室

地空间等方式，进一步拓展社区文化学习空间。

案例还重视多方联动共同参与。社区建立健全"政、社、家、校、企"五方联动机制，实现社区文化资源的有效供给；围绕居民全生命周期的教育需求，打造"华光、曦光、韶光、辉光、霞光、和光"的终身教育光谱，全方位、全龄段响应居民文化学习需求。目前，社区已推出了亲子课堂、视野拓展、技能培训、书法艺术、心理咨询等课程。

（4）金华市义乌市缸窑村未来乡村

缸窑村未来乡村位于义乌市义亭镇，历史文化积淀深厚，以"窑、陶、酒、戏"四大主题文化为核心，创新村企结对共建机制，引进高校、企业、金融机构的智力、物力、IP（知识产权）和专业技术支持，实现乡村风貌迭代优化、数字化应用

图 10-21　义乌市缸窑村未来乡村
来源：浙江省城乡风貌整治提升工作专班办公室

初见成效、公共服务水平大幅提升、群众获得感持续加强、村集体和村民收入跨越式增长（图 10-21）。

案例构建了多元合作机制。村庄在优化完善村企结对共建机制的基础上，统筹部门、镇街、高校、企业、金融机构、村民等多元主体共同参与未来乡村建设，为缸窑村制定政策、保障要素、打造场景、赋能科技、培育品牌、运营管理，持续擦亮缸窑村的乡村品牌。

案例还向企业借力，深化乡村运营合作。村庄推动恒风集团入驻缸窑村，以投资建设、产业开发等形式，参与乡村旅游项目规划、建设和运营，与村集体联合开发精品线等经营性文旅产业。同时，社区还与华大基因公司合作，结合万亩粮食生产功能区的建设，发展多年生水稻种植等智慧农业项目，探索现代农业的技术展示，引入"云上平田"民宿、四维生态植物工厂等企业，为未来乡村品牌赋能。村庄还与农商银行等金融机构合作，为未来乡村建设与发展提供有力的金融支持；在村内设置银行网点与丰收驿站，提供便捷金融服务，承担村民办理市民卡的业务，开发优惠利率的特色贷款产品，帮扶企业、个人投身于乡村创业。

第十一章

城乡风貌整治
提升的未来战略

1
战略目标

全面深化推进城乡风貌整治和提升，打造"整体大美、浙江气质""城乡融合、共富共美"的全省城乡风貌"新时代富春山居图"。

1.1　深入理解基本单元建设的三大命题

第一是理解美，要实现人与自然和建筑的和谐共生、完美融合，绝不能让一方建筑对不起一方水土。美学素养应当成为浙江干部为政素养的标配，打造城乡风貌样板区应成为全省上下不断强化美的自觉过程；第二是理解什么是未来，未来并不是想象出来的，而是通过解决当下的问题而创造出来，要确保工作不生硬泛化地被动应付，集中精力主攻群众最需要、现状条件最适合的场景；第三是理解什么是"以人为核心"，基本单元建设是基础设施与公共服务同步提升的建设，更是物质世界与精神世界共同富裕的建设，其宗旨是人的现代化，必须同步解决发展空间和转型升级的问题，同步完善社会结构与人居环境的问题。

1.2　彰显基本单元建设的标志性特征

第1个层面要彰显城乡"统分结合"的标志性。未来社区和未来乡村都是围绕"一统三化九场景"，打造绿色、低碳、智慧的"有机生命体"、宜居宜业宜游的"生活共同体"、资源高效配置的"社会综合体"。最低纲领是为中国未来城镇化和乡村振兴寻找最优解决方案，探寻生态文明背景下的城乡发展路径；最高纲领就是打造现代"乌托邦式"的理想家园、"天下大同"的共产主义社区。第2个层面要彰显形态"百花齐放"的标志性。在当前"千个基本单元"的关口，不能片面追求数量搞"复制粘贴"，造成千城一貌、千村一面，而是要边前进边复盘，确保把特色做好做精。"百花齐放"意味着三个自由：一是路径自由，二是范围自由，三是类型自由。

1.3　落实风貌整治提升的新时代要求

城乡风貌整治提升工作有 3 项新要求。一是"千项万亿"工程实施要求，自 2023 年起，将城乡风貌整治提升作为城镇有机更新领域的重大投资类目，每年完成投资 500 亿元以上；二是民生实事项目建设要求，继续办好十方面民生实事，其中在城乡宜居方面，将打造 80 个城乡风貌样板区列为核心子目标；三是亚运会契机，将城乡风貌整治和样板区建设与亚运会的各项活动相结合，推进风貌整治提升的同时助力亚运会举办。在未来城乡风貌整治和提升的工作中，需要把握不同要求的不同任务要点，紧扣年度目标，强化项目资金来源及实施进度保障。

1.4　多维度集成推进基本单元建设

一要结合城市新区建设和有机更新，推进共同富裕现代化基本单元高品质样板区试点建设，在较大的片区范围内从规划、设计、建设、管理、运维等全维度，落实未来社区建设、城乡风貌整治提升工作要求；二要结合小微空间更新利用，推进"共富风貌驿"建设，系统性梳理各类闲置或低效的小微空间和既有建筑，复合植入商业休闲、公共服务、体育健身、教育展示等功能，打造一批具有示范效应的小微空间更新利用项目。

2
管理体系战略：
不断迭代完善城乡风貌治理的工作推进机制

2.1　不断深化专班内部的联动机制

在"三个常态化""三张清单""三个层级"的基础上，进一步迭代深化运行机制，坚持理念互学、技术互鉴、功能互促，更好地激发专班的化学反应。在工作谋划和跟踪问效中，不仅要考虑风貌样板区中未来社区、未来乡村的数量是否满足要求，更要考量未来社区、未来乡村作为样板区中的重要节点是否发挥出示范引领和辐射带动效应，与美丽城镇建设、老旧小区改造之间是否真正形成良好的互动、互促关系等，确保让城乡风貌样板区真正成为放大了的未来社区、未来乡村。浙江省城乡风貌整治提升工作专班要统筹开展动态监测、评估反馈，及时发现问题、解决问题，及时总结推广最佳案例、最佳实践。对一般化、房地产化、"新瓶装旧酒"等方向偏离的，及时予以纠正；对进展滞后的，予以降格；对负面民意较大、改造反复折腾且在规定期限内完不成整改的，移出建设名单等。

2.2 持续深化各部门之间的风貌协同治理机制

现行的浙江省风貌办专班制度，将多部门联合组织，在住房和城乡建设部门的牵头下共同推进特色风貌的规划建设。未来要在目前工作的基础上，从优化跨部门信息共享方法、建立跨部门高效协作和对话机制、提升跨部门行政效率等方面继续深化探索跨部门和跨区域的城乡风貌协同治理体系的提升。在明确负责指导和监督全省景观风貌管控工作的省、市级主管部门，并设置城市设计和乡村风貌管控的相关处（科）室的基础上，在城镇层面由人民政府和住房和城乡建设主管部门共同负责监督、管理辖区内的景观风貌，自然资源部门负责组织编制城市设计、村庄规划，并加强与法定规划的衔接，发展和改革委员会、卫健委、文化、林草、水利等部门和镇人民政府做好配合工作，执行城乡风貌高效的监督和管理工作等。

2.3 完善未来社区、未来乡村的联创联建机制

要围绕形成双向交换的新型城乡关系，加快推进未来社区与未来乡村在顶层设计中理念融合、在创建落地中经验共享。例如，开展结对试点，鼓励条件成熟的未来社区和未来乡村结对，采取一对一、多对多、区域对区域等形式，建立城乡社区供需链条，线上线下共同推动场景共享和资源联通。例如开展交流互促，推动具有一定条件的未来乡村承接未来社区的居民休闲活动，以及会议、培训、疗休养等活动，鼓励第三方运营单位合作开展未来社区、未来乡村场景共建。例如进一步打开乡贤回归通

道，探索未来乡村宅基地、人才引进等制度创新，为未来社区乡贤回归、参与产业振兴创造更有利的政策条件，解决回不去故乡的问题。

2.4 建立健全适应城乡存量更新导向的保障机制

系统梳理我省存量更新建设中存在的政策堵点、难点，重点推进城乡一体规划、空间高效利用、风貌全程管控等方面的政策创新和要素供给，推动纵向上规划、建设、管理三大环节协同有序，横向上政治、经济、社会、文化、环境等子系统高效集成。特别是在当前背景下，要加快推动投融资理念模式从点状向整体转变。一些地方一方面说没资金，另一方面说没项目，这就是理念思路还没转变的表现。要从基本单元建设起步，加快探索"投建管运一体化"路径，总结形成经验模式并不断扩大范围，探索街道乃至区（县）的国有物业资产整体打包、整体运营、整体融资。

2.5 优化风貌管控与各级规划的传导机制

推动城乡风貌相关的技术标准与规划导则的动态更新，探索风貌管控与各级规划的传导机制，通过打通部门之间的关系，将风貌整治和提升的内容最终传导到城市设计和控制性详细规划的修改，从而实现对具体地块风貌的控制。确定城乡风貌规划和管控与国土空间总体规划、详细规划、建筑工程设计等的衔接关系，预留与各级规划和建设活动的接口。与风貌密切相关的城市设计应贯穿国土空间总体规划的全过程，例如与国土空间总体规划同步编制的总体城市设计，应作为市、县域国土空间总体规划的重要组成部分，将总体城市设计所明确的自然山水格局、整体景观风貌结构，以及景观风貌要素的控制和引导要求，一并纳入市、县域国土空间总体规划中；详细规划的城市设计所提出的控制和引导要求，应当转化为控制性详细规划中的相关约束指标，予以落地实施；实用型村庄规划作为国土空间规划体系中村庄地区的详细规划，应设置村庄景观风貌规划专章，提出保护与延续乡村特色景观风貌的措施和指引，并进一步指导农村住房建设，规范农房建筑层高、立面形式、色彩风格等。

3
管理体系战略：
推进基层社区风貌治理的创新机制建设

3.1 强化基层社区的风貌管理力量

基层社区风貌治理和管理水平是体现城乡风貌治理能力的重要标志，涉及基层政府、社区群众和公益组织等多方权益。在以法律形式明确各方的责任、义务和具体要求的基础上，可以提出基层社区风貌治理协议制度，允许一定人口和用地规模以下的一个或若干个社区根据上位城乡风貌规划的总体要求结合社区发展实际情况，在全体居民共同参与下制定具有法律效力的基层社区风貌治理协议，规定建（构）筑物的风貌设计要求和日常维护管理要求等具体内容；也可以由城乡风貌行政主管部门指定并成立基层社区维护管理机构，由良好信誉的公益组织、专家学者（社区规划师等）、居民代表等人员共同组成，负责提供专家咨询、信息查询、调查研究以及日常维护等社区服务。

3.2 提升城乡风貌整治提升的公众参与

城乡风貌的治理和提升需要更大范围、更加灵活、更深层次的公众参与机制。可以借鉴日本的城乡风貌协议制度，土地所有者或使用者（居民和企业等）可以根据所在区域的实际情况，通过制定法定协议的途径对区域内风貌要素进行详细安排。城乡风貌协议制度可以将上位城乡风貌规划的基本理念与基层社区的实际情况相结合，通过法律的形式保证基层社区层面的规划实施，人民群众也可以充分行使其决策、管理和监督权利，是一种较为成熟的公众参与机制。同时，可以在城乡风貌整治和样板区建设过程中引入社会资本、实现多主体共建共创共营的建设模式，形成共商共建共享良好氛围；可以提出"公私合建"等政策推行旧城风貌改造和样板区建设，借助社会财力，发动有关单位，同心协力，对城乡风貌进行综合治理。同时，通过为参与者提供正式的制度路径与优惠的政策支持，激励更广泛的社会力量参与，在中央政府指引、地方政府响应的背景下，引导越来越多的私人部门与社会群体参与到城乡风貌的更新整治过程中。

3.3　以专项行动全域深化推进城乡风貌整治提升

以城乡风貌样板区建设为牵引，由点及面，加快推进专项整治行动，初步考虑8个方面专项整治行动，包括基础设施更新改造、公共服务补短板、入口门户特色塑造、特色街道整治提升、公园绿地优化建设、小微空间"共富风貌驿"建设、"浙派民居"建设、美丽廊道串珠成链等。同时，强化统筹推进，在组织协调上，在总目标不变的基础上，可结合所辖县（市、区）各自特点，对八大专项行动具体项目进行差异化安排，全力推进城乡风貌整治提升专项行动。专项行动可以展现自然美，如开展美丽田园、美丽河湖、美丽公路、浙派园林、美丽绿道建设等专项行动；可协同提升人文美，如加大历史文化名城名镇名村（街区）和传统村落保护力度；还可协同提升和谐美，如集成优质公共服务在样板区和社区落地，完善可持续运营机制等。

4

实践体系战略：
提升城乡风貌治理的数字化水平

4.1　构建城乡风貌样板区数据库

强化数字化支撑，完善全省城乡风貌管理系统。同时，可以以信息收集—数据集成—系统搭建—功能应用等思路设计全省城乡风貌样板空间数据库，明确数据层、设施层、支撑层、应用层等各层的建设要求、要点和建设内容，为全省城乡风貌信息管理、学习培训、特色识别、规划设计等提供技术支持。信息收集，通过对城乡风貌样板区自然、人文、人工风貌、空间形态等全要素的收集，获取全面、完整与多样的风貌信息；数据集成，提出城乡风貌样板区信息集成与整合、识别与编码方案，并据此构建村落风貌基础数据库，形成其内部数据组织结构；系统搭建，设计并建立依托数据库形成的系统，利用 CIM 等技术搭建与展现空间形态并集成数据的城乡样板空间系统；功能应用，设计城乡风貌样板区数据库系统的应用形式，包括风貌信息管理、特征解读、发展识别、规划提升应用内容。

4.2 用数字化手段推进风貌治理和样板区的活化利用

结合数字化手段，推进城乡风貌整治的数字化治理，促进样板区建设成果的活化利用和成果转化，利用旅游等方式来反哺样板区建设，将整治的成果充分利用。例如，有条件的样板区可以试点结合 VR 和 AR 等技术，开发呈现城乡风貌样板区空间和特色的城乡风貌虚拟现实体验系统，提供用户沉浸式、交互式的漫游体验，实现全省城乡风貌样板区数字化展示与传播，让人们可以直观体验和感受优秀传统风貌的魅力，同时也给政府管理人员、规划设计人员、基层工作人员等群体提供理解和学习的平台。可以利用数字化手段，构建城乡风貌数据库和政府各部门以及公众的接口，实现风貌数据的管理并同时对公众开放和共享，共同推动城乡风貌整治的数字化治理。

5
实践体系战略：
通过城乡风貌整治提升弥补发展短板

5.1 通过风貌整治和样板区建设对公共服务"补短增优"

加速推进社区公共服务设施建设，是高质量建设共同富裕示范区、推进未来社区建设和城乡风貌样板区建设的重要抓手。在城乡风貌整治过程中，结合样板区建设，挖掘和补充公共设施，可以缓解部分地区因用地紧缺造成的公共设施短板问题；同时通过政府内部资源调整，在城乡风貌样板区建设过程中实现一些低效用地或建筑的活化利用。例如，可以通过系统梳理桥下空间、街巷边角地、居住区闲置地等小微空间，插花式植入城市客厅、公共服务设施、口袋公园等功能，推出一批群众喜欢的、兼具功能活化和艺术美感的小微空间。在共同建设的过程中，要注重提升公共服务设施建设水平，加大政策支持力度，提高数据申报质量，重点关注"一老一小"服务体系，引导公共服务设施科学合理布局，推动优质公共服务实现全域覆盖。

5.2　提升未来社区以"一老一小"为重点的公共服务能力

不同的社区场景为不同的特定人群服务，而最大痛点场景就是"一老一小"，应围绕设施、服务、活动3个方面，结合人口结构和现实需求，按照"标配+选配"进行公共设施配置。一是"2+X"的养老服务场景。"2"是标配场景，包括能够满足社交、娱乐活动并提供日间一般性照护服务的居家养老服务中心，和能提供就餐、助餐、送餐等基础服务的老年食堂。二是"1+X"的托育服务场景。"1"即按人口规模和结构建成的3岁以下婴幼儿照护服务托育机构或社区婴儿照护服务驿站；"X"是鼓励因地制宜通过公建民营、单位办托、幼托一体等方式，推动普惠托育服务全覆盖，探索家庭式共享托育等新模式。三是"2+X"的老幼融合服务场景，就是要一体化解决"顾老+看小"的难题。"2"包括能提供护理、中医药等医养结合服务的社区卫生服务中心（站）和满足多龄段需求、提供学习课程的幸福学堂；"X"是鼓励因地制宜开展青少年综合素养扩展课程；建立项目制跨龄互动机制，组织艺术创作、公益帮扶等活动；建设"医、防、护"三位一体儿童健康管理中心等。

5.3　增强未来乡村产业振兴和治理服务以提升强村富民能力

产业振兴和治理服务是未来乡村发展的两大重头戏。对于产业振兴，第一，组团式发展要更重视构建利益联结机制，要关注是否构建起了利益联结的市场化运营实体，特别是村集体、村民和投资运营商如何设计共赢机制，对资源量化入股、经营决策、有效监管等问题如何进行科学规范；第二，乡村经营要从"筑巢引凤"转向"引凤筑巢"，乡村已经走过了大规模物质更新的阶段，到了"内容为王"的新阶段，如何经营乡村已经成为战略问题。好的经营模式应该在规划、设计、运营、招商的前期就充分融合，根据品牌定位和市场需求，因地制宜布局产业、设置项目。对于治理服务，重点是原乡人、归乡人、新乡人。原乡人是治理服务的供需主体，需要让他们主动自觉地支持、投入乡村建设，才能巩固当下成效，并在日后的发展中自觉遵循"未来"理念；对于归乡人，关键是让他们找到回归的价值感，培育适合他们施展才干的平台空间，解决归乡人为什么回来、回来能干什么、在哪里干、前景如何等现实问题；对于新乡人，关键是要在平台打造、空间设计和载体创设上给予公平、公正、公开、高效的系统性服务，让新乡人尽快融入，建立起与原乡人、归乡人共有的文化认同、价值认同。

附录

浙江省城乡风貌整治提升行动实施方案

为深入贯彻习近平新时代中国特色社会主义思想，全面落实党的十九届五中全会和省委十四届八次、九次全会精神，高质量发展建设共同富裕示范区，协调推进新型城镇化和乡村振兴战略，加快城市和乡村有机更新，推动城乡建设绿色发展，高水平打造美丽浙江，特制定本实施方案。

一、总体要求

（一）主要目标

自2021年下半年开始，全面启动实施城乡风貌整治提升行动。城市风貌整治提升聚焦城市、县城的中心城区，突出重要节点和重要区域建设，注重推进城市风貌样板区试点建设，自2022年起，每年建成50个左右城市风貌样板区，择优公布20个左右"新时代富春山居图城市样板区"。县域风貌整治提升聚焦美丽县城、美丽城镇和美丽乡村串珠成链、联动发展，注重推进县域风貌样板区试点建设，自2022年起，每年建成30个左右县域风貌样板区，择优公布10个左右"新时代富春山居图县域样板区"。

到2023年底，推出一批城乡风貌整治提升标志性成果，形成具有浙江特色的城乡风貌建设管理模式。到"十四五"期末，城乡风貌管控的政策体系、技术体系基本完善，建设方式绿色转型成效显著，浙派特色进一步彰显，全省城乡风貌品质进一步提升。

（二）工作原则

规划引领、整体协调。坚持先规划后建设，加强规划谋篇，注重生产、生活、生态空间融合，擦亮全域美丽大花园的生态底色，保护整体风貌格局，提升城乡风貌的整体性和协调性。注重设计引导，提高城市设计、村庄设计水平，不标新立异、贪大求洋，打造美美与共的浙江大美画卷。

彰显特色、文化传承。坚持保护和发展相统一，注重挖掘和展示浙江的文化底蕴，推动文化传承和现代创新有机统一，彰显浙派建筑的地域特色，展现浙江的特有气质，增强"重要窗口"的风貌辨识度。

未来导向、系统治理。统筹抓好"面子"和"里子"、硬件和软件，将未来社区理念贯穿城乡建设和风貌整治提升全过程，坚持绿色发展导向，注重风貌提升与功能提升、生态提升、治理提升一体推进，注重与老旧小区改造、美丽城镇建设、美丽乡村建设、"三改一拆"、"百城千镇万村"景区化、城市运行安全等工作的深度融合。

示范引领、全面推动。因地制宜、点面结合开展整治提升样板项目、样板区域建设，注重更新改造、整合提升，强调量力而行、民生导向，探索形成一批样本，积累一批技术，走出一条城乡风貌整治提升的科学路径。

二、主要任务

（一）统筹推进城乡风貌整治提升行动方案制定工作。各地抓紧组织制定城乡风貌整治提升行动方案，开展城乡风貌评估，梳理地域风貌格局及特色元素，查找短板问题，明确特色定位、整体格局和整治提升的重点区域，落实"十四五"重点项目和年度工作推进要求。可结合实际在行动方案中对廊道界面、建筑控制、色彩指引、绿化提质、管控机制等方面进行深化落实。整治提升行动方案要以市县国民经济和社会发展规划、国土空间总体规划等为指导，与其他相关规划相衔接。设区市要发挥统筹指导作用，县（市）行动方案由县（市）政府制定，市辖区行动方案可视情况由区级政府单独制定或由设区市政府统一制定。

（二）统筹推进城乡风貌技术指引体系建设工作。加强部门协同和多专业综合，建立完善省级城乡风貌管理技术指引体系，分别制定城市地区和乡村地区风貌整治提升技术指南，加强对城乡风貌整体性、协调性和特色性塑造的技术研究，并形成"正面引导＋负面清单"的引导体系。根据风貌整治提升工作需要，研究制定城市体检评估、历史文化保护、城市街道建设、城市色彩管控、浙派园林建设、城市公共环境艺术塑造、"浙派民居"建设等方面的专项技术指南，各地也可结合当地实际情况制定相关技术规定。

（三）统筹推进城乡自然人文整体格局保护和塑造工作。保护城乡的自然山水格局，优化生产、生活、生态空间布局，指导各地在乡村全域土地综合整治及生态修复工程中落实好风貌整治提升的要求，加强自然生态修复，落实重要的城市景观轴线、景观廊道和县域特色风貌大走廊、生态廊道，营造更具魅力的城乡风貌空间。注重蓝绿空间的生态价值保护和利用，按相关规范标准做好功能及业态的植入，让绿地与开敞空间用地真正成为魅力空间和活力空间。打造"浙派园林"，实施"绿网编织"工程，推进美丽公路、美丽河湖、美丽田园等建设，打造一批大地景观。加强城市公共环境艺术塑造，依法实施重大建设工程公共环境艺术品投资配建机制，建设一批能够代表浙江历史和新时代风采的主题雕塑。建立完善城乡历史文化保护传承体系，健全管理监督机制。加强历史文化名城名镇名村和街区保护，按规定完成保护规划编制工作，落实历史文化街区划定和历史建筑确定工作。严禁在城市有机更新过程中拆除具有保护价值的城市片区和建筑。完善传统村落分级保护体系，建立村庄历史文化遗产调查评估机制，充分挖掘和保护传承村庄物质和非物质文化遗产，连线成片推动活态保护、活态利用、活态传承。开展"拯救老屋"行动，抢救、保护、修缮一批历史建筑、传统民居，实现多元化利用。

（四）切实加强城市重要节点和区域风貌整治提升工作。建立城市体检评估制度，系统推进城市有机更新。实施城市功能完善工程和生态修复工程，推动低碳城市、"无废城市"建设。统筹地下空间综合利用，合理部署各类设施空间和规模，推广地下空间分层使用，提高地下空间使用效率。合理布局干线、支线和缆线有机衔接的管廊系统，有序推进综合管廊系统建设。提高基础设施绿色、智能、协同、安全水平，推动城市内涝治理工程和地下管网"减漏"行动，打造海绵城市、韧性城市，加强城市运行安全管理。完善城市功能布局和城市交通体系，提高职住平衡水平。建设"城市大脑"，加强城市精细化管理。把未来社区理念全面落实到城市新区建设和旧城改造，加快推进面向未来的现代城市建设，扎实推进未来社区建设项目落地和有效运营。注重自然空间、历史文化、建筑形态的系统融合，加强建筑形态、高度、材质、色彩以及与空间界面的协调统一。贯彻落实适用、经济、绿色、美观的新时期建筑方针，打造经得起时代和历史检验的精品建筑，实施工程建设全过程绿色建造。加快推进城市风貌整治提升项目建设，把入城门户、特色街道、中心广场、滨水空间、历史地段、未来社区、城乡接合部等作为重点，打造一批整体风貌协调、地域文化突出、空间体验丰富、功能活力十足的城市风貌标志性成果；结合节点项目建设，注重区域整体推进风貌整治提升，突出未来导向推进系统治理，分城市新区、传统风貌区、特色产业区等类型打造城市风貌样板区。

（五）切实加强县域乡村风貌整体提升工作。遵循城乡发展演变规律和人口流动趋势，以县域为单元，以人口相对集聚的城、镇、村为节点，集成推进美丽县城、美丽城镇、美丽乡村建设，连线成片开展县域风貌整治提升，打造县域风貌样板区。深入实施"百镇样板、千镇美丽"工程，做好县城建成区扩面提质，着力提升县城（包括县、县级市）的综合服务能力和乡镇的公共服务能力。不搞大拆大建，鼓励小规模、渐进式有机更新，更多采用微改造的"绣花"功夫，加快乡村有机更新。加快推进城乡设施联动发展，补齐基础设施和公共服务设施短板。有机串联贯通古驿道、游步道、骑行道等各类绿道，建设城乡万里绿道网。开展沿路沿线及重要节点环境综合整治，深化垃圾、污水、厕所"三大革命"，全面实施农村生活污水治理"强基增效双提标"行动，持续提升环境品质。农房和村庄建设要尊重山水林田湖草等生态脉络，注重与自然和农业景观搭配互动，不挖山填湖、不破坏水系、不砍老树，顺应地形地貌。着力推进农房风貌提升，尊重乡土风貌和地域特色，加强对农房屋顶、立面、高度、体量、色彩、材质、围墙等风貌要素的管控。充分梳理"浙派民居"在不同地域的类型差异和风格变化，做到更加精准的建筑在地化。营造留住乡愁的环境，利用自然景观和人文景观，新建或改造一批亲近自然、素雅质朴、人文底蕴深厚、浙派韵味悠长的村庄或者乡村聚落，打造代表各自地域建筑文化的"浙派民居"特色村。结合乡村实际落实未来社区理念，推动乡村新社区建设。

三、样板区建设

（一）样板区范围与类型。城市风貌样板区分为城市新区、传统风貌区、特色产业区3种类型，样板区的范围可结合详细规划单元确定。城市新区类要展现城市活力和风韵魅力，注重功能综合，具有地标效应，应包含1个体现未来社区理念的建设案例，范围一般不小于50公顷；传统风貌区类包括风貌格局较好的旧城改造片区、历史文化保护区域等，体现浙江传统文化特色和地域建筑标识，应包含1个体现未来社区理念的建设案例，范围一般不小于20公顷；特色产业区类包括科创、金融、文化、旅游等特色产业区，以低层、多层建筑为主，范围一般不小于30公顷。县域风貌样板区一般应由地域邻近、具有示范效应的美丽县城、美丽城镇、美丽乡村串联组成，其中美丽城镇不少于2个（原则上包含1个美丽城镇省级样板），美丽乡村不少于4个（原则上包含1个"浙派民居"特色村或传统村落、1个乡村新社区）。

（二）基本程序

1. 地方申报。实行年度申报机制，以项目所在县（市、区）政府为建设主体，负责编制城市风貌样板区和县域风貌样板区的申报材料，并明确实施主体。每年由建设主体自愿申报，经所在设区市政府审核，由省城乡风貌整治提升工作专班比选核定列入建设名单，建立清单化推进机制。

2. 核查验收。对列入建设名单的城市风貌样板区和县域风貌样板区，建设主体应及时组织编制样板区建设方案，并报省城乡风貌整治提升工作专班审查。样板区建设方案应符合控制性详细规划及相关法定规划、城市设计，并在规划实施过程中予以落实。建立城乡风貌整治提升评价机制，定期进行检查评估。结合未来社区理念贯彻落实，开展比学赶超活动。对如期完成建设任务的，由建设主体提交验收申请报告，由省城乡风貌整治提升工作专班组织开展综合评价。

3. 公布结果。对综合评价达标的城市风貌样板区和县域风貌样板区，由省城乡风貌整治提升工作专班公布结果，并在其中择优选树"新时代富春山居图城市样板区"和"新时代富春山居图县域样板区"，经省委、省政府同意后公布。

（三）建设要求。城乡风貌样板区建设要实施"正面＋负面"清单管理，高标准落实安全、绿色、低碳、智能、节俭等要求，确保经得起历史和实践的检验。建立退出机制，达标公布后的样板区如出现负面清单中的问题并造成重大影响的，予以摘牌。各地要加快建立绿色审批通道，结合项目类型鼓励优先采取"项目全过程咨询＋工程总承包"管理服务方式。原则上要求城市风貌样板区和县域风貌样板区2年左右完成建设任务。样板区建设应达到"无违建"要求。

四、保障措施

（一）加强组织领导。省美丽浙江建设领导小组统筹协调推进城乡风貌整治提升工作，下设城乡风貌整治提升工作专班，实行实体化运作，建立常态化的调查研究、分析研判、协调服务机制。各市、县（市、区）是城乡风貌整治提升的责任主体，要加强组织领导、政策供给和宣传发动。各地要参照设立相应的实体化推进机构。每年对各地城乡风貌整治提升工作情况开展综合评价，对工作成绩突出的市、县（市、区）予以褒扬激励。

（二）加强要素保障。各地要把城乡风貌整治提升资金纳入年度地方财政预算，统筹各级各类资金和配套政策，支持城乡风貌整治提升工作。发挥省级财政激励引导作用，实行以奖代补，城乡风貌整治提升中符合条件的公益性项目可申请专项债券支持。盘活利用国有存量房屋及闲置资产，优先用于城乡社区的公共服务补短板。加强对城乡风貌整治提升项目的土地要素保障，加大政策改革和激励力度。

（三）加强人才支撑。建立省级专家团队，落实技术专家服务制度。探索建立建筑师负责制，由建筑、规划等方面专家协助政府对风貌整治提升项目进行技术把关和指导。建立企业结对制度，全方位、全周期强化指导服务，推动企业深度参与城乡风貌整治提升。加强城乡风貌建设工作培训，不断提高城乡风貌建设工作能力和水平。

（四）加强制度建设。完善城乡风貌管控传导机制，将城乡风貌管控要求落实到国土空间规划实施过程。加强数字赋能，探索建立推进城乡风貌的模块化、数字化、信息化管控和决策机制。加强城乡风貌整治提升工作的信息化管理，实现与空间治理数字化平台间的数据共享和场景展示。结合农民建房"一件事"改革，加强农房设计和建设管理，建立农村房屋全生命周期数字化管理机制。加快传统村落保护工作立法。实施乡土建筑技艺传承工程，全面开展乡村建筑工匠职业技能教育和管理人员培训，探索建立面向工匠的小额村镇建设工程招标投标机制。

浙江省城乡风貌整治提升工作专班成员单位职责分工

为切实加强对全省城乡风貌整治提升和未来社区、未来乡村、美丽城镇建设以及城镇老旧小区改造的组织领导和一体化推进，现就省城乡风貌整治提升工作专班成员单位职责分工明确如下：

省委组织部：加强党建统领，切实推进党的基层组织建设，充分发挥城乡基层党组织和党员先锋模范作用。负责指导美丽城镇、未来乡村班子建设和村级管理。加强干部培训，提供有力的组织保障。

省委宣传部：指导各地做好城乡风貌整治提升、未来社区未来乡村美丽城镇建设和城镇老旧小区改造的宣传工作。

省发展改革委：指导各地做好城乡风貌整治提升涉及的相关项目立项审批工作，指导做好未来社区未来乡村美丽城镇建设与共同富裕示范区建设的协调衔接，指导数字社会在未来社区、未来乡村的落地。统筹协调城乡产业布局，负责推进服务业、现代物流业发展，推动发展多类型融合业态。负责开展"千年古城"试点工作，扎实推进小城市培育试点和特色小镇建设。

省经信厅：负责协调重大信息基础设施建设，推进信息基础设施演进升级，加快提升数字化水平。全面深化"亩均论英雄"改革，协调推进"低散乱"整治提升，加快传统产业改造提升和建设提升小微企业园。

省教育厅：负责推进城乡教育共同体建设，完善学前教育公共服务体系，发展城乡社区教育、老年教育。负责指导推动未来社区未来乡村教育场景实施落地。

省科技厅：负责加快相关关键共性技术攻关，推动有关应用场景落地。

省公安厅：负责研究相关道路交通组织措施，落实有关场景落地；做好数字身份识别技术推广、人口信息安全保障等工作，指导做好智慧安防等安全防护工作。指导各地实施鼓励性的落户政策。深化"两站两员"纳入"四平台"建设，开展平安畅通乡镇创建活动，切实加强乡镇全域道路交通安全管理。

省民政厅：负责研究制定未来社区、城镇老旧小区、未来乡村、美丽城镇养老服务供给政策，指导养老服务场景建设。负责指导各地推进地名文化保护，推动优化行政区划。培育社会组织和志愿服务者，完善基层社会治理方式。深化生态殡葬综合改革。

省司法厅：牵头推进基层综合行政执法改革，加强基层综合执法队伍建设，规范执法行为，创新执法方式，严格执法责任。

省财政厅：统筹省级有关财政政策支持，负责落实有关财政激励政策。指导各地合理划分县、镇财政收支范围，建立和完善有利于小城镇发展的财政体制。指导各地全面落实与吸纳农业转移人口落户数量挂钩的财政政策。

省人力社保厅：负责指导规范各地制定未来社区人才安居相关政策，推动有关场景落地。

省自然资源厅：指导各地加强土地要素保障，加大政策改革和激励力度。指导各地将城乡风貌整治提升、未来社区未来乡村美丽城镇建设和城镇老旧小区改造与国土空间规划设计（城市设计、乡村设计）做好有效衔接。指导各地在乡村全域土地综合整治与生态修复工程中落实好乡村风貌整治提升的要求。负责美丽城镇建设用地保障政策的制定和落实，优先保障美丽城镇建设项目。指导各地全面落实与吸纳农业转移人口落户数量挂钩的用地政策。

省生态环境厅：指导各地做好城乡风貌整治提升和未来社区未来乡村美丽城镇建设涉及生态环境保护工作，配合推动有关场景落地。指导督促工业园区（工业集聚区）"污水零直排区"建设工作。

省建设厅：负责专班办公室日常工作；牵头组织推进全省城乡风貌整治提升行动、未来社区建设、美丽城镇建设和城镇老旧小区改造，协同推进未来乡村建设。协同成员单位推进政策制定、计划安排、要素保障、样板建设、督查指导、考核验收、交流学习、教育培训等实施工作。牵头负责组织和指导各地编制相关行动方案和专项规划。牵头负责组织推进相关技术规范体系建设。负责牵头深化小城镇环境综合整治行动，指导督促生活小区内"污水零直排区"的建设工作，指导推进市政公用设施建设，推进生活垃圾分类处理，提升住房建设水平，加强历史文化遗产保护。指导各地开展城镇设计，建立首席设计师制度。

省交通运输厅：指导各地做好工作涉及交通项目建设及交通沿线环境整治工作；负责研究提出公共交通引导和保障等配套政策，指导推动交通场景实施落地。加快城乡客运一体化，发展水运交通，建设"四好农村路"和"美丽公路"。

省水利厅：指导各地做好城乡风貌整治提升涉及水利项目及美丽河湖建设工作。

省农业农村厅：牵头组织推进未来乡村建设，负责做好未来乡村建设试点的顶层设计，研究制订未来乡村建设指导意见等政策文件；加快未来乡村项目建设进度，及时组织开展试点项目绩效评价，推动项目和场景落地见效；指导各地落实推动未来乡村有效运营。指导各地做好城乡风貌整治提升涉及农村人居环境整治工作，参与推进乡村风貌技术指引体系建设等工作。加强历史文化（传统）村落保护利用。推动农村一二三产业融合发展，提高现代农业发展水平。

省商务厅：指导各地做好商业业态布局和标准规划引领，协同推动服务场景落地。培育发展农村新型电子商务，积极发展现代生活服务业。

省文化和旅游厅：牵头负责组织推进历史文化传承和公共文化塑造。指导各地做好文化挖掘和保护，加强非物质文化遗产保护和传承。负责研究制定未来社区未来乡村美丽城镇的文化建设、文旅资源支持、传统文化传承、群众文化丰富等相关政策，研究制定城市公共文化空间建设要求。指导改造提升旅游厕所。指导建设文化产业园区。完善文化旅游配套服务体系建设，培育发展精品民宿，推动文旅融合发展。

省卫生健康委：指导各地落实分级诊疗及优质资源共享理念，研究制定未来社区托育服务相关政策，指导健康场景实施落地。积极发展 3 岁以下婴幼儿照护服务，推进医养结合工作，建设健康乡镇。

省广电局：积极推进 4K/8K 超高清电视和智慧广电的推广建设。督促和指导各级广电单位持续推进建立和落实"线乱拉"治理长效机制。

省体育局：指导各地科学规划配置社区运动场所、智能运动设施，支持运动健身场景落地。

省大数据局：负责协调推进城乡风貌整治提升和未来社区未来乡村美丽城镇建设涉及的公共数据共享、治理工作。

省林业局：指导各地做好城乡风貌整治提升行动涉及国土绿化工作。

省文物局：配合推进历史文化街区、名镇、名村和传统村落保护工作，指导各地做好城乡风貌整治提升行动涉及文物保护利用工作。

团省委：负责推动青年人才进未来社区未来乡村，鼓励优秀青年人才积极参与规划设计与建设，推动青年志愿者参与数字化建设与运维管护。

省妇联：指导各地全面开展人人做园丁、户户讲文明、村村是花园美丽庭院建设行动。

省通信管理局：指导信息通信行业企业，积极推进 5G 移动网络的覆盖部署，提升宽带接入能力。协调信息通信行业企业积极参与做好"线乱拉"治理长效机制建设。

各成员单位要按照各自职责分工，在专班办公室的统一协调下，认真抓好各项任务落实，密切联系沟通，强化部门合力，确保工作实效。

浙江省市、县（市、区）城乡风貌整治提升行动方案编制导则（试行）

前　言

自"千万工程"以来，伴随着城镇化的快速推进，我省高度重视城乡人居环境治理，从四边三化到三改一拆、五水共治，从"千村示范、万村整治"工程到美丽乡村、美丽城镇、美丽县城建设，城乡治理内涵与广度不断提升，"两美浙江"深入人心，城乡面貌显著改善。但同时要认识到我省一定程度上还存在重节点打造，轻点线面一体，缺乏整体协调；重硬件建设，轻文化传承，缺乏空间、文化、生态环境的系统融合；重近期建设，轻未来导向，缺乏功能业态、治理维护的有机结合等问题。这也导致我省城乡风貌不同程度上存在整体协调性不够、特色不显、支撑不足等现象。新时期，新型城镇化和乡村振兴深入实施，高质量共同富裕全面推进，对我省打造整体大美、浙江气质的全省城乡风貌"新时代富春山居图"提出了新的要求。城乡风貌整治提升是以未来社区理念为引领，坚持风貌提升与功能完善、产业升级、生态提升、治理优化一体推进，深度融合国土空间治理、城市与乡村有机更新、美丽城镇与乡村建设等的一项系统集成工作。城乡风貌整治提升应衔接相关规划，融合各部门条线相关工作，在此基础上因地制宜做好整治提升文章，彰显地方特色。

为加快推进城乡风貌整治提升工作，根据相关法律、法规和部门规章及规范性文件，结合我省实际，省美丽浙江建设领导小组城乡风貌整治提升（未来社区建设）工作专班组织编制了《浙江省市、县（市、区）城乡风貌整治提升行动方案编制导则（试行）》，以规范各地城乡风貌整治提升行动方案编制的内容和深度，规范成果表达，明确审批管理要求。行动方案编制重点是明确各地"十四五"风貌整治提升的重点区域和节点，提出整治提升的方向和要求，排定项目库，制定实施计划；同时为后续重点区域和节点的详细方案设计提供指导。城乡风貌整治提升行动方案应符合国土空间规划的要求，相关内容纳入法定规划进行管控和实施。

本导则主要内容：1.总则；2.术语；3.编制内容；4.审查管理。

本导则由省美丽浙江建设领导小组城乡风貌整治提升（未来社区建设）工作专班发布，委托浙江省城乡规划设计研究院负责具体技术内容的解释。

本导则主编单位：浙江省城乡规划设计研究院。本导则审核人员：孙哲君、姚昭晖、管建平、赵栋、黄武、张勇。

本导则起草人员：蔡健、张如林、刘维超、张建波、薛欣欣、余伟、陈巍、丁兰馨、徐海森、江勇、甘雨、顾怡川、王海琴、丁子晨、陈海明、王越、柴子娇、马文嘉、张焕发、孔斌、王梦璐、廖航

本导则为首次发布。

一、总则

1.1 编制目的

为推进全省城乡风貌整治提升工作，规范市、县（市、区）城乡风貌整治提升行动方案编制内容和技术深度，特制定本导则。

1.2 编制要求

1.2.1 编制主体

设区市要发挥统筹指导的作用，各县（市）行动方案由县（市）政府制定，各市辖区行动方案可视情由区级政府单独制定或由设区市政府统一制定。

1.2.2 内容框架

城乡风貌整治提升行动方案内容应包括城乡区域的风貌评估、风貌特色框架、整治提升重点区域和重要节点、实施机制保障四大部分，附加实施项目清单和年度计划。部分不含乡村或乡村数量很少的市辖区，可仅编制城市风貌整治提升内容。

1.2.3 方案层次

设区市城乡风貌整治提升行动方案包括市辖区域（市本级）和中心城区两个层面，县（市、区）方案包括县（市、区）域和中心城区两个层面。县（市、区）域行政范围以下统一简称为"县域"。

设区市市域和县域层面突出城乡整体风貌格局彰显，自然景观空间优化，配套设施完善，乡村风貌整治提升，特别是美丽城镇、美丽乡村串珠成链、联动发展的县域美丽风景带打造，形成县域特色风貌大廊道。

中心城区层面突出重要节点和区域的整治提升，重要节点以入城门户、特色街道、中心广场、滨水空间、山前地区、历史地段、未来社区、城乡接合部等为重点，塑造城市风貌标志性空间场所；重要区域以城市新区、传统风貌区、特色产业区等为重点，注重有机更新导向，落实未来社区理念，区域整体推进风貌提升。

1.3 编制原则

1.3.1 规划引领、整体协调

坚持先规划后建设，注重规划谋篇，坚持三生空间共融、自然人文共生；注重整

体性和协调性，不标新立异、贪大求洋。注重设计引导，因地制宜，打造美美与共的浙江大美画卷。

1.3.2 特色彰显、文化传承

注重挖掘和传承浙江文化的历史基因、红色基因和时代基因，坚持文化为魂，体现文化自信，严格保护历史文化名城名镇名村等文化遗产资源。注重浙派建筑地域特色彰显，突出文化传承和现代营造的有机统一，着力增强"重要窗口"的风貌辨识度，展现浙江特有的气质。

1.3.3 未来导向、系统治理

注重以未来社区理念为指引，坚持以人为本，做到问需于民、问计于民、问效于民。坚持绿色发展导向，注重与功能完善、产业升级、生态提升、治理优化紧密结合，注重与未来社区建设、城镇老旧小区改造、美丽城镇建设、美丽乡村建设、三改一拆、"百城千镇万村景区化"等工作的深度融合和集成推进，避免大拆大建，结合微更新手法提升城乡品质。

1.3.4 全域统筹、全面提升

注重城镇村与山水林田湖草生命共同体建设，协调整体空间关系。注重城市与乡村景观风貌统筹营造，分类引导，系统谋划，结合城乡有机更新推动城乡风貌全面提升。

1.4 编制依据

城乡风貌整治提升行动方案编制应以国民经济社会发展规划、市县国土空间总体规划以及总体城市设计为指导，与其他法定规划相衔接。

1.5 适用范围

本导则适用于浙江省内设区市、县（市、区）城乡风貌整治提升行动方案的编制。城乡风貌整治提升行动方案的编制除应符合本导则外，还应符合国家和浙江省现行有关规范、标准要求。

二、术语

2.1 城乡风貌

城乡风貌是城乡外在形象和内涵气质的有机统一，是由城乡自然生态环境、历史人文环境及建设空间环境相互协调、有机融合构成的综合展现。

2.2 城乡风貌样板区

城乡风貌样板区包括城市风貌样板区与县域风貌样板区两大类，是符合国土空间规划要求，具有一定人口集聚能力、特色禀赋、经济发展与建设基础，通过建设改造和整治提升能达到示范引领作用的区域。（城市风貌样板区分为城市新区、传统风貌区、特色产业区三种类型，是带状、面状或线面结合的区域；县域风貌样板区是由地域邻近、具有示范效应的美丽县城、美丽城镇、美丽乡村串联组成的面状或带状连续性区域。）

2.3 城市新区

城市新区是相对于老城区而言，是城市未来着重建设的城市化区域，具有一定的中心区位、功能复合、较好的自然山水格局，能够展现城市活力与风韵魅力，具有一定的地标效应或门户效应。

2.4 传统风貌区

传统风貌区是城市长期历史发展中形成的具有各个时期传统风貌特征的区域，包括风貌格局较好的旧城改造片区、历史文化保护区域等，能够体现浙江传统文化特色和地域建筑风貌。

2.5 特色产业区

特色产业区包括科创、金融、商贸、文化、旅游等特色产业集中区域，是以特色产业为基础突出集中布局、功能复合、集群发展的要求，打造产城融合新地标。

2.6 县域美丽风景带

县域美丽风景带是以山、水、林、田、路等要素为依托，联动美丽县城、美丽城镇、美丽乡村，串珠成链、连线成片形成的面状或带状的区域。

2.7 "浙派民居"

"浙派民居"是以浙江特有的自然环境和吴越文化为基底，具有俊雅秀逸、尚古尊礼、敦宗睦族、简朴自然等特征的浙江地方民居建筑，包括传统形制的传统民居，也包含融合传统民居建筑元素体现浙江风韵的现代民居。

三、编制内容

3.1 总述

3.1.1 编制背景

简述方案编制的发展背景、宏观政策、地方战略等。

3.1.2 编制范围与期限

城乡风貌整治提升涵盖市本级或县（市、区）域行政管辖范围。

规划期限应与市本级或县（市、区）国民经济和社会发展五年规划保持一致，并兼顾中远期。

3.1.3 编制原则

提出切合地方当前实际的原则、思路或理念。

3.1.4 编制依据

提出方案编制应遵循的相关规划依据，主要为国民经济社会发展规划、国土空间规划、城市设计等。

3.1.5 相关规划衔接

重点解读地方国土空间总体规划、城市设计、详细规划中的有关内容，梳理各部门相关规划，围绕行动方案编制，对涉及的重点规划内容进行针对性阐述，提出需要衔接和反馈的内容。

3.2 现状基础与风貌评估

3.2.1 总体概况

简述地方经济社会发展的总体概况，描述地方在区域经济社会和自然人文总体格局中的地位和特色。

3.2.2 自然风貌现状与问题

县域部分重点调查地形、地质、水文、气候、植被、生物等自然环境要素，明确自然环境特色资源，分析县域自然生态格局，提出现状特征和存在的问题。

中心城区部分重点调查城区周边及内部的山体、水系、植被等生态本底条件，明确城市自然生态格局，提出现状特征和存在的问题。

3.2.3 建设风貌现状与问题

县域部分重点调查美丽城镇、美丽乡村等特色空间，历史文化名城名镇名村、传统村落、特色民居等历史文化遗存，以及沿路沿河绿化田园景观，梳理城乡全域空间景观资源，提出现状特征与存在的问题。

中心城区部分重点调查城市重点片区、沿山滨水区域、特色街道、绿地景观、入城门户、城乡接合部、历史遗存、标志性建筑、建筑风貌、城市色彩、公共艺术等空间特色要素，明确城市空间景观资源与风貌格局，提出现状特征与存在的问题。

3.2.4 社会风貌现状与问题

县域部分重点调查当地历史沿革、宗教信仰、礼仪节庆、风俗习惯、地方传统表演艺术、传统工艺等非物质文化遗产与人文环境要素，明确全域历史人文环境特色资源，提出现状特征与存在的问题。

中心城区部分重点调查城市历史遗存所承载的文化内涵、历史文化价值、特色建筑元素，以及文化活动、生活习惯等，明确城市社会文化特色资源，提出现状特征与存在的问题。

3.2.5　市民诉求调查

开展居民城乡特色认知与环境满意度调查，分析居民对城乡风貌特色提升的重点诉求。

3.2.6　风貌评估结论

针对自然风貌、建设风貌、社会风貌的分析与评价，总结提炼当地风貌特色禀赋和价值元素，分县域和中心城区两个层次提出城乡风貌短板问题和区域，以及近期需要解决的重点问题。

3.3　总体风貌特色框架

3.3.1　同类案例借鉴

结合本地风貌特征，选取国内外优秀风貌城市案例进行对标分析，提出借鉴策略。

3.3.2　风貌目标定位

提出风貌提升的总体目标和形象定位。结合地方发展特色，明确城乡风貌总体目标，提出形象定位，应主题突出、特征鲜明，体现地域内涵，彰显地方气质，打造城市名片，并提出整治提升的具体目标要求。

3.3.3　城市风貌总体格局

基于对城市风貌特色认知和长远发展规划，结合相关规划，提出城市风貌总体格局，包括城市自然格局保护和优化，城市风貌框架和特色体系的构建，具体内容可结合城市特点进行增减。城市自然格局应结合山水格局识别蓝绿廊道，梳理城市重要的轴线和景观廊道，并与周边自然环境有机融合。城市风貌框架应明确城市风貌分区，梳理特色街道与开敞空间，明确城市门户、地标等重要节点，有条件的城市可进一步分析提出城市景观眺望体系、标志轮廓线体系。城市特色体系应明确建筑风格引导，明确绿化景观重点区域，有条件的城市可进一步分析提出建筑风貌、城市色彩、公共艺术、夜景照明等引导要求。

3.3.4　县域风貌总体格局

基于全域自然生态本底和未来空间规划架构，结合相关规划，提出县域风貌总体格局，包括山水空间融合、自然景观塑造、风貌轴线廊道组织、城镇形态控制、乡村特色魅力空间展现等，并与国土空间开发保护格局、城乡结构、历史人文等相协调。

3.4 城市风貌整治提升

3.4.1 城市自然格局保护和优化

针对存在的问题和山水城格局彰显的要求，提出城市与自然山水环境有机融合的优化举措，提出重点治理的生态空间分布和整治方向，修复被破坏的山体、河流、植被，实施林相改造、生态水岸等措施。

3.4.2 城市重要节点打造

明确城市入城门户、重要公共空间、地标节点、重要眺望点、城乡接合部等近期重点整治提升节点，提出整治提升方向。

（1）城市入城门户，根据城市对外交通特点，依据主次关系遴选确定拟重点整治提升的高铁、高速、普通公路、水运等各类门户，从入城口交通组织、绿化景观、视觉界面、建筑风貌等方面提出整治提升方向。

（2）重要公共空间，确定城市拟重点整治或建设的公园绿地、广场，从绿化景观、环境小品、公共艺术、文体休闲功能植入等方面提出整治或设计方向。

（3）地标节点，确定城市拟建设或整治提升的建筑物、构筑物等地标节点，从视觉形象、地域文化属性、建筑品味、基质环境等方面提出整治提升措施。

（4）重要眺望点，从人本视角出发，确定城市景观资源条件突出的景观点和观景点，从建筑物、构筑物意向，眺望廊道、视觉扇面、天际轮廓线等方面提出相应的风貌提升措施。

（5）城乡接合部，确定需要整治提升的城乡接合部地区，包括空闲地、废弃地以及城乡过渡地带，从场地再利用、绿化景观营造、建筑风貌提升、环境卫生整洁等方面提出具体提升措施。

（6）公共艺术设置，结合入城口、重要公共空间、地标节点、重要眺望点和公园绿地，对重要的公共环境艺术品进行空间点位布局，并提出公共艺术提升措施。

3.4.3 城市重要路径整治

对城市特色街道、沿山滨水空间、绿带绿道等重要的轴线和景观廊道提出风貌整治提升要求，明确近期重点整治的内容和方向。

（1）特色街道，包括需整治提升的城市景观大道、特色商业街、传统街巷，重点从道路断面、沿街建筑立面、街道小品、标识系统、道路绿化等方面提出整治提升方向。传统街巷应遵从原有肌理、尺度与风貌韵味，体现地方文化特色；商业性、生活性街道应以人本化改造为重点，突出以人为本，提升街道活力人气。

（2）沿山滨水空间，明确需整治提升的山前地带和滨水开放空间，从显山露水、开敞空间组织、绿化景观营造、人本化改造、文体休闲特色业态导入等方面提出整治提升方向。

（3）绿带绿道，明确整治提升或新建的绿带绿道布局，从绿化景观配置、绿道系统连续、文体休闲功能植入、驿站设施配置等方面提出整治提升方向。

（4）夜景照明，各地可根据自身特点与亮化需求，提出重点区域的夜景照明措施。

3.4.4　城市重点区域整治提升

根据城市风貌特色框架，结合新区建设、老城更新、未来社区建设、历史文化保护、产业平台建设等工作，统筹自然格局优化、重要节点建设、重要路径整治等，明确需要整治提升的城市新区、传统风貌区、特色产业区等各类重点整治区域，提出各区域的整治提升指引，对风貌特色塑造进行引导和管控。结合实施时序、特色禀赋，在重点整治区域中选择确定拟建设城市风貌样板区的对象及范围。

城市风貌样板区应以未来社区理念为指导，落实人本化、生态化、数字化的要求，突出系统治理、整体协调。

（1）城市新区类风貌样板区面积不小于50公顷，宜具有一定的中心区位、功能复合、较好的自然山水格局，能够展现城市活力与风韵魅力，具有一定的地标效应或门户效应，范围内应包含一个落实未来社区理念的建设案例（可以是未来社区试点和创建项目，也可以是结合地方实际创新的特色案例）。

建设要求：基础设施、公共服务设施完善，探索推进新型城市基础设施建设和改造，风貌整体协调、特色鲜明、现代化气质显著，一般应具有重要的公共建筑、高品质的城市公园、公共活动中心、城市门户形象、有活力的特色街道、宜人的美丽绿道（慢行道）、未来社区建设案例、海绵城市建设案例、鲜明的文化标识（品牌）、数字化的公共治理平台等元素，具体可结合地方及区域实际进行创新优化。

风貌提升指引重点从建筑组群、天际线、城市轴线、重要景观界面、第五立面、公共空间、公共艺术、城市色彩等方面提出要求。

（2）传统风貌类风貌样板区面积不小于20公顷，宜选择风貌格局较好的旧城改造片区或历史文化保护区域，范围选择要考虑要素综合性、功能复合性，区域内应包含一个落实未来社区理念的建设案例（可以是未来社区试点和创建项目，也可以是结合地方实际创新的特色案例）。

建设要求：基础设施、公共服务设施完善，风貌整体协调、特色鲜明，文化内涵丰富，一般应具有代表性的公共建筑、精致的休闲公园、宜人尺度的公共活动中心、有风韵的特色街道、宜人的美丽绿道（慢行道）、未来社区建设案例、鲜明的文化标识（品牌）、数字化的公共治理平台等元素，具体可结合地方及区域实际进行创新优化。

风貌提升指引重点从空间格局、街巷肌理、街道立面、节点景观、建筑风貌、标识标志等方面提出要求。涉及历史文化保护区域的应落实相关保护规划要求，保护好历史文化建筑和遗址，以及古道、古桥、古井、古树等历史文化要素。

（3）特色产业区类风貌样板区面积不小于30公顷，以低层多层建筑为主，鼓励功能复合，打造产城融合新地标。

建设要求：基础设施、公共服务设施完善，风貌整体协调、特色鲜明，一般应具有代表性的公共建筑、精致的休闲绿地、创新活力的特色产业、鲜明的文化标识（品牌）、生态低碳建设案例、数字化的公共治理及运营平台等元素，具体可结合地方及区域实际进行创新优化。

风貌提升指引要结合特定产业和功能，重点从空间布局、建筑组群关系、重要景观界面、公共空间、公共艺术、功能业态等方面提出要求。

3.4.5 风貌游线组织

结合城市特色和近期点线面提升项目，组织风貌游线，有机串联城市风貌标志性节点和特色区域，向市民及游客展示城市富有特色的整体形象。

3.5 县域风貌整治提升

3.5.1 县域自然格局保护和优化

结合县域山水林田湖草生态本底要素分布及特征，提出山林、农田、河湖生态治理的措施和方向，营造美丽河湖、美丽田园、美丽森林等大地景观。县域自然景观营造应提倡结合自然、低影响、低维护，宜结合全域土地综合整治重点提升农业种植用地、设施农用地景观风貌。突出两山转化与农文旅融合导向，结合蓝绿魅力空间，依据相关标准规范植入功能业态，发展美丽经济。明确近期重点项目。

3.5.2 县域基础设施提升

提出县域综合交通、市政基础设施的城乡一体化建设要求，明确进一步提升完善的内容和措施，提出沿路沿线及重要节点环境综合整治提升要求，深化垃圾、污水、厕所三大革命。明确近期重点建设项目。

3.5.3 县域公共服务设施提升

提出县域公共设施城乡一体化建设、高质量共享的要求，明确进一步完善提升的内容和措施，包括30分钟村镇生活圈建设。明确近期重点建设项目。

3.5.4 乡村建筑风貌塑造

分析现状乡村风貌特色，提炼地域乡村传统建筑的特色元素，提出"浙派民居"在地化建设意向，明确"浙派民居"特色村建设对象。完善分级传统村落保护体系，提出连线成片推动活态保护利用传承的措施。提出"老屋复兴"的内容要求，抢救保护修缮一批历史建筑、传统民居，开展多元化利用。

3.5.5 县域美丽风景带建设

基于县域自然景观格局、魅力空间识别和美丽城乡建设基础，依托沿路、临河、环山等特色带状空间，确定县域美丽风景带的布局和范围。提出各条县域美丽风景带的建设指引，明确特色定位、功能导向、重点风貌要素、串联路径、整治提升重点与方向，以及近期重点实施项目。结合实施时序、特色禀赋，在县域美丽风景带中选择确定拟建设县域风貌样板区的对象及范围。

县域风貌样板区一般应由地域邻近、具有示范效应的美丽县城、美丽城镇、美丽乡村串联组成，其中美丽城镇不少于2个（原则上包含1个美丽城镇省级样板），美丽乡村不少于4个（原则上包含1个"浙派民居"特色村或传统村落、1个乡村新社区）。样板区可依托自然山水、道路交通、产业发展、特色文化、田园景观等串珠成链，形成面状或带状的连续性区域。

建设要求：基础设施、公共服务设施完善，风貌整体协调、特色鲜明，一般应具有整洁有序和生态良好的环境基底、美丽田园为代表的大地景观、可游可赏可达的美丽公路、体验山水人文的绿道网络、因地制宜发展的特色产业、鲜明的文化标识（品牌）、美丽城镇省级样板、"浙派民居"特色村或传统村落、乡村新社区等，具体可结合地方及区域实际进行创新优化。

3.6 实施保障

根据风貌整治提升行动方案，结合地方发展实际，制定相应实施保障机制，包括工作推进机制、风貌管控机制、要素保障机制等具体内容。

3.7 项目库

3.7.1 重点项目库

根据风貌整治提升行动方案，结合"十四五"重点项目，分门别类提出近期重点实施的项目清单，包括项目类别、项目名称、建设内容、建设期限、拟投资金额、责任主体等信息。涉及拟建设城市风貌样板区和县域风貌样板区的，要将样板区范围内的重点项目按区域归类统计。

3.7.2 年度推进计划

对近五年实施内容按年度进行清单化管理，提出实施举措，制定建设项目分布图。

3.8 成果要求

城乡风貌整治提升行动方案的成果由方案文本、图集和项目库表组成。方案文本应当规范、准确、含义清晰，与图纸内容一致。图集可结合文本配置，图集包括但不局限于以下图件：

（1）特色资源分布图：表达全域范围内自然环境、历史人文环境、空间环境等各类特色资源分布。

（2）综合现状图：综合反映城乡现状用地布局、道路交通及城镇村分布等内容。

（3）县域风貌结构规划图：表达城乡总体景观风貌格局的优化意图和布局结构。

（4）中心城区风貌格局规划图：表达中心城区景观风貌的优化意图和布局结构。

（5）城市风貌整治提升重点项目分布图：表达城市风貌整治提升近期重点建设项目位置、范围以及控制要求等。

（6）城市风貌整治提升重点区域规划图：表达城市风貌整治提升重点区域分布，重点区域风貌提升措施和建设指引等。

（7）县域风貌整治提升重点建设项目分布图：表达县域风貌整治提升近期重点建设项目位置、范围以及控制要求等。

（8）县域美丽风景带规划图：表达县域美丽风景带规划布局，串联的美丽城镇、美丽乡村节点，以及美丽风景带提升措施和建设指引等。

四、审查管理

4.1 编制单位

市、县（市、区）建设主管部门具体负责城乡风貌整治提升行动方案组织编制工作，应委托具有相应资质和技术能力的单位承担编制任务。

4.2 方案论证

市、县（市、区）建设主管部门牵头组织相对行动方案编制中的重大问题进行综合协调和论证。

4.3 审查批准

设区市级城乡风貌整治提升行动方案由省美丽浙江建设领导小组城乡风貌整治提升（未来社区建设）工作专班负责审查，县级城乡风貌整治提升行动方案由设区市负责审查。审查通过后的行动方案报本级人民政府批准实施，并统一备案至省美丽浙江建设领导小组城乡风貌整治提升（未来社区建设）工作专班。

4.4 公众参与

城乡风貌整治提升行动方案编制过程中鼓励采取灵活多样的意见收集方式，如问卷调查、座谈、现场体验、媒体等。鼓励采取互联网和移动端等技术工具，拓宽信息收集途径，提高公众参与的广度和深度。

市、县（市、区）城乡风貌整治提升行动方案编制大纲

1 总述

1.1 编制背景

1.2 编制范围与期限

1.3 编制原则

1.4 编制依据

1.5 相关规划衔接

2 现状基础与风貌评估

2.1 总体概况

2.2 自然风貌现状与问题

2.3 建设风貌现状与问题

2.4 社会风貌现状与问题

2.5 市民诉求调查

2.6 风貌评估结论

3 总体风貌特色框架

3.1 同类案例借鉴

3.2 风貌目标定位

3.3 城市风貌总体格局

3.4 县域风貌总体格局

4　城市风貌整治提升

4.1　城市自然格局保护和优化

4.2　城市重要节点打造

4.3　城市重要路径整治

4.4　城市重点区域整治提升

4.5　风貌游线组织

5　县域风貌整治提升

5.1　县域自然格局保护和优化

5.2　县域基础设施提升

5.3　县域公共服务设施提升

5.4　乡村建筑风貌塑造

5.5　县域美丽风景带建设

6　实施保障

7　项目库

7.1　重点项目库

7.2　年度推进计划

附图附表

调研资料清单

一、数据资料

1. 政府工作报告;

2. 统计公报与统计年鉴;

3. 高精度卫星遥感影像图;

4. 市县域 1∶5000 或 1∶10000 地形图,城区 1∶2000 地形图;

5. 市县志及城建等专业志;

6. 重要已批未建、已批在建项目资料;

7. 自然生态资料,包括山水林田湖草相关资料;

8. 历史人文资料,包括历史遗存、非物质文化遗产等资料;

9. 风景旅游资源,包括景点资源分布等级及介绍等;

10．其他城乡风貌整治提升相关数据资料。

二、规划资料

1．国民经济和社会发展第十四个五年规划；

2．国土空间总体规划方案；

3．原城市（镇）总体规划、土地利用总体规划；

4．城市总体设计，重要片区和节点详细城市设计；

5．城镇控制性详细规划、郊野单元规划；

6．历史文化名城名镇名村、传统村落等保护规划；

7．未来社区规划；

8．美丽城镇建设行动方案；

9．小城镇环境综合整治规划；

10．特色小镇规划；

11．旧城更新规划；

12．乡村振兴规划；

13．全域土地综合整治规划；

14．其他各类专项规划（如城市色彩规划、公共艺术规划、夜景照明规划、综合交通规划、市政基础设施规划、水利规划、生态环保规划、旅游规划、产业规划、绿地系统规划、综合防灾规划等）；

15．其他城乡风貌相关规划。

浙江省城乡风貌样板区建设评价办法（试行）

一、适用范围

本办法规定了"城乡风貌样板区"的范围、评价对象、评价程序、评价内容及指标体系、评价方法等内容。

本办法适用于城市新区、传统风貌区、特色产业区及县域风貌样板区四类城乡风貌样板区（简称"样板区"）的评价。

二、评价原则

（一）突出底线管控，分类提升。注重落实基础性指标的刚性要求，擦亮自然环境底色、确保城市韧性安全；分类施策，因地制宜落实特色性指标要求，塑造根植地方特有环境基底，"各美其美、美美与共"的城乡风貌样板区。

（二）突出特色彰显，整体大美。注重挖掘和传承地域特色文化，严格保护历史文化名城名镇名村等文化遗产资源；注重浙派建筑、浙派园林地域特色彰显，突出文化传承和现代营造的有机统一，着力增强"重要窗口"的风貌辨识度，展现浙江的特有气质。

（三）突出未来导向，系统治理。注重以未来社区理念为指引，以人为本，与功能完善、产业升级、生态提升、治理优化紧密结合；与未来社区、美丽城镇、美丽乡村等美丽载体建设工作深度融合、集成推进。

（四）突出以人为本，和谐宜居。以人民为中心，以满足人民群众日益增长的生活需求为导向，统筹考虑生产生活游憩等设施的配置和布局，把城市整治提升得更宜居，把乡村整治提升得让人更向往。

三、评价对象及评价程序

（一）评价对象

拟建样板区。

（二）评价程序

1. 建设培育

以项目所在县（市、区）政府为建设主体，明确实施主体，负责编制样板区的申报材料。每年由建设主体自愿申报，经所在设区市市政府审核，由省城乡风貌整治提升工作专班比选核定列入建设名单。

2. 县级自评

申报评价对象根据本办法要求，开展样板区自评工作，形成自评报告报市风貌办审核。

3. 市级审核

市风貌办对申报省级样板项目统一开展申报数据和自评报告的审核，形成审查报告报省风貌办。

4. 省级评价

省风貌办组织开展省级样板区综合评价，经资料审查、现场检查和满意度测评，形成评价报告。

5. 结果公布

对综合评价达标的样板区，由省风貌办公布结果，并在其中择优选择"新时代富春山居图城市样板区"和"新时代富春山居图县域样板区"，经省委、省政府同意后公布。

四、评价内容及指标体系

（一）"城市风貌样板区"建设评价指标

1. 建设评价指标构成

由基础性指标、特色性指标和创新性指标3类指标及否决清单4部分构成。

（1）基础性指标

结合3类样板区共性内容设置，整体包括绿色低碳、魅力形象、和谐宜居和工作绩效4个一级指标，绿色环境、低碳环保、韧性安全等6个二级指标，总分数为80分。

（2）特色性指标

针对城市新区、传统风貌区、特色产业区三类城市样板区不同特征，把握系统性和特色性，聚焦"n个一"设置不同评价内容的具体指标，总分数为80分。

城市新区包括：一处重要的公共建筑、一座高品质的城市公园、一个魅力的城市门户、一条宜人的魅力绿道（慢行道）、一条活力的特色街道、一套畅通的慢行系统、一个活力共享的广场、一个立体空间利用案例、一个鲜明的文化主题（品牌）、一个未来社区建设案例、一个海绵城市建设案例、一套数字化的公共治理平台等。

传统风貌区包括：一处代表性的公共建筑、一座文化特色突出的休闲公园、一处宜人尺度的活力广场、一条有风韵的特色街道、一个宜人的慢行系统、一套适应性基础设施建设案例、一个鲜明的文化主题（品牌）、一个未来社区建设案例、一套数字化的公共治理平台等。

特色产业区包括：一处代表性的特色建筑、一处宜人尺度的活力广场、一处精致的休闲绿地、一个特色化建筑改造案例、一项创新活力的特色产业、一个鲜明的文化主题（品牌）、一套数字化公共运营平台等。

（3）创新性指标

针对在新基础设施建设、制度创设、典型做法等方面有突出创新的案例加以奖励，总分数为 40 分。

（4）否决清单

针对形成重大城市运行安全事故和舆情等内容形成一票否决清单，取消该年评价资格。

2. 样板区综合得分

综合得分为"城市风貌样板区"的总体评价结果，样板区综合得分＝基础分＋特色分＋创新分，满分 200 分。

3. 基础性指标

一级指标	二级指标	分值	三级指标	评价内容	评价方法
绿色低碳（20分）	绿色环境	4	山水基底	样板区内地表水水质未达相应水体功能区标准不得分；样板区及周边视线可及范围内发现破损山体、黑臭水体等现象，每发现一处扣1分，扣完即止	台账检查、现场检查
		2	蓝绿廊道	样板区内建设是否侵占总规中的绿色廊道空间，未侵占得2分，侵占比率≤10%得1分，＞10%不得分	台账检查、现场检查
		3	绿地建设	样板区绿地率≥25%，绿道服务半径覆盖率≥60%，林荫路覆盖率≥70%，立体绿化实施率≥10%得2分，前述有一项不达标扣0.5分；绿化覆盖率达标得1分：城市新区≥41%（其中乔灌木占比不低于60%），传统风貌区≥25%，特色产业区≥30%	台账检查、现场检查/线上检查
		3	公园体系	开展"公园城区"建设，按照绿地系统专项规划要求实施各项园林绿地建设的，得2分；5000平方米（含）以上的公园绿地500米服务半径，2000（含）～5000平方米公园绿地300米服务半径覆盖达100%，得1分；达80%的，得0.5分，其他不得分	台账检查、现场检查/线上检查

一级指标	二级指标	分值	三级指标	评价内容	评价方法
绿色低碳（20分）	低碳环保	4	生活垃圾分类收集覆盖面	样板区内生活垃圾分类收集覆盖面达100%得3分，未达到不得分；样板区内有省级高标准垃圾分类示范小区的得1分	台账检查、现场检查
		2	绿色建筑	样板区内有一处二星级绿色建筑得1分，有一处三星级绿色建筑得2分，不累计得分	台账检查
		2	新建建筑装配式建筑占比	所在县（市、区）上年度或样板区装配式建筑占新建筑的比例≥30%得1分，≥35%得2分，<30%不得分	台账检查、现场检查
魅力形象（15分）	特色风貌	3	山水城关系	沿山沿水空间通透、山水与片区相得益彰得3分；山水、片区关系一般得1分；山水、片区关系差不得分	现场检查/线上检查
		3	建筑风格及色彩	整体建筑风格色彩相对和谐得3分；基本协调得1分；杂乱不得分	现场检查/线上检查
		3	建筑体量及高度	整体建筑高度和体量和谐有序，高低错落、高层成簇、整散结合，整体协调得3分；基本协调得1分；杂乱不得分	现场检查/线上检查
		3	城市天际线	天际线与自然山水的关系相得益彰、舒展有致、整体空间轮廓较好得3分；空间轮廓一般得1分	现场检查/线上检查
		3	夜景灯光	城市夜景灯光与样板区主题匹配，精心组织、品质较高得3分，品质一般得1分；品质较差或造成大面积视觉光污染不得分	现场检查/线上检查
和谐宜居（25分）	设施便捷	10	公共设施覆盖情况	城市新区：按照《浙江省城镇社区建设专项规划编制导则（试行）》中城镇社区单元建设配置要求执行，"健康管理、为老服务、终身教育、文体活动、商业服务"五类分项要素中，每有1项要素基础保障类指标不达标扣2分，扣完即止	台账检查、现场检查/线上检查
				传统风貌区：按照《浙江省城镇社区建设专项规划编制导则（试行）》中城镇社区单元建设配置要求执行，"健康管理、为老服务、终身教育、文体活动、商业服务"五类分项要素中，每有1项要素基础保障类指标不达标扣2分，扣完即止	台账检查、现场检查/线上检查
				特色产业区：根据产业类型配套相关设施，创新产业服务（创新服务、创新公寓、文体设施、生活中心、餐饮娱乐等）、旅游配套服务（食、住、行、游、娱等），每缺1项扣2分，扣完即止	台账检查、现场检查/线上检查
		2	城市开敞空间无障碍设施通行流线	样板区内城市开敞空间发现盲道不连续、盲道有障碍物、无障碍坡道不健全等现象，每发现一处扣1分，扣完即止	现场检查
		2	管线秩序	样板区内各类电力通信燃气管线设施整治有序，主要道路实现多杆合一、多塔合一，完成上改下改造的得2分，其他不得分	台账检查、现场检查
		2	公交站点覆盖率	样板区内以公交站点为主中心，步行距离300米为半径的覆盖率，≥80%，得2分；≥60%，得1分；<60%，不得分	台账检查、现场检查/线上检查

一级指标	二级指标	分值	三级指标	评价内容	评价方法
和谐宜居（25分）	韧性安全	2	排水防涝	样板区内的内涝积水点得到全面整治消除的得2分；消除比例≥90%得1分；<90%不得分	台账检查
		3	污水排放	样板区内实现污水零直排的得3分，未实现的不得分	台账检查、现场检查
		2	城镇燃气	样板区内燃气设施不存在占压、圈围、间距不足等状况，得2分，若有不得分	台账检查、现场检查
		2	避灾防险	应急避难场所应急处置半径覆盖居住用地占样板区居住用地比率达100%得2分，达80%得1分	台账检查、现场检查/线上检查
工作绩效（20分）	绩效评估	10	项目库完成度	样板区项目库数量及投资额完成度达100%得10分，≥90%得8分，≥80%得6分，≥70%得4分，<70%不得分	台账检查、现场检查
		10	公众满意度评估	建设期内群众风貌满意度≥90%得10分，≥80%得8分，≥70%得4分，≥60%得3分，<60%不得分	第三方问卷调查

4. 特色性指标

（1）城市新区

指标	分值	评价内容	评价方法
*一处重要的公共建筑	10	建有一处公共建筑，如剧院、图书馆、艺术馆、音乐厅、规划展览馆等，从外部形象及功能活力两个维度评价：建筑造型地标性突出，彰显新区特色城市形象得4分； 内部功能完善，定期举办大型城市型相关活动的得3分； 极具建筑特色，获国家级重要建筑奖项的得3分，获省级重要建筑类奖项的得1分	台账检查、现场检查
*一座高品质的城市公园	10	从地域性、功能性和景观性3个维度进行评价： 城市公园与周边城市风貌和功能相协调，并注重地域文化和地域植物景观特色的保护与发展得2分； 公园拥有优美的绿色自然环境和人本化活动空间，设置游览、休闲、健身、儿童游戏、运动、科普等多种场所和设施，得3分； 园林景观营造具有较鲜明的特色、符合生态环保要求，植物配置合理、层次丰富，重要行走、活动场所有充足的植物庇荫，植物品种选择多样又适应本地自然环境得2分； 极具特色，获国家级重要园林（建筑）奖项的得3分，获省级重要园林（建筑）类奖项的得1分； 耗费大量资金建设缺乏庇荫大广场、大草坪等大尺度的景观，文化标签生硬杂多，过度景观化，大量采用一年生草本植物花卉，存在养护成本高、生态性能差、功能参与性弱、人本考虑少、无障碍设施不全的问题的，每出现一项扣1分，扣完即止	现场检查

指标	分值	评价内容	评价方法
*一个魅力的新区门户	10	从整体形象、生态维护两个维度进行评价： 新区门户园林植被、城市公共环境艺术、夜景灯光等凸显地域文化和本土风情、富有门户标识性得4分； 门户景观营造遵循生态化、低维护原则，门户景观与周边山水条件和地形地貌有机融合得4分； 新区门户景观品质极具特色或后期运营维护创新性做法等突出案例得2分； 出现破坏自然环境、铺张浪费、高成本运营等问题的，每出现一项扣1分，扣完即止	台账检查、现场检查
*一条宜人的魅力绿道（慢行道）	10	从连通性、人本性和功能性3个维度进行评价： 绿道串联公园绿地、广场、景点、景区、社区，重要的文化、体育、商业等公共空间及城市景观标志地段得4分； 绿道沿线有饱满的绿廊空间，形成优良的绿化群落并注重人性化的遮阴，与嘈杂相邻空间形成隔离效果，绿道面层生态环保并与环境相融得3分； 绿道标识系统完备，设置有承担管理服务、休闲游憩功能的绿道驿站得3分	现场检查
*一条活力的特色街道	10	整体长度在300米左右，从人本化、活力度、景观性3个维度进行评价： 街道尺度适宜、无障碍设施健全、步行体验良好得3分； 有主动式交流空间、参与性公共景观、休闲集会游憩活动功能得3分； 整体街道界面协调有序，店招设计和而不同得2分； 具有体验型、趣味性的空间设计、充分的植被遮阴、交通稳静化等人本化改造、街道空间与建筑的协同设计等突出案例之一的得2分； 出现街道界面破碎不连续、无障碍设施不健全、街道停车、经营等管理秩序差等问题的，每出现一项扣1分，扣完即止	现场检查
*一套畅通的慢行系统	10	慢行系统覆盖公园、街道、广场等开放空间及重要的文化、体育、商业等公建设施得3分； 慢行系统沿线有饱满的绿色空间，并注重人性化的遮阴得3分； 沿线设置有满足休憩、休闲要求的相关设施得2分； 通勤型慢行道改造为绿道得2分	现场检查
*一个活力共享的广场	10	从人本性、生态性、活力性3个角度进行评价： 广场尺度怡人，空间感和围合性强、内部空间灵活划分，方便人群到达使用的得3分； 休闲及活动设施配备完善，标识系统、城市家具等使用方便的得2分； 有充足的林荫铺装休憩场所，有透水铺装等生态化措施得2分； 城市公共环境艺术品凸显场地特色，具有互动趣味性、文化艺术性、创新技术性，活动类型多元、参与性强的得3分； 出现设计单调、功能单一、围合度差、无障碍设施不健全、大面积硬质铺装、无林荫休憩活动场所、草坪过度景观化难进入等问题的，每出现一项扣1分，扣完即止	现场检查
*一个立体空间利用案例	10	有一个复合化利用、空间互联互通的地下空间或地上空间创新型改造案例得10分	现场检查

指标	分值	评价内容	评价方法
一个鲜明的文化主题（品牌）	10	从主题性、体验性、艺术性 3 个维度进行评价： 有鲜明的新区文化品牌或主题得 3 分； 按照《浙江省城市景观风貌条例》要求配建城市公共环境艺术品的，得 3 分； 有承载文化展示、体验活动的文化场所，市民参与互动、利用率高的得 2 分； 有美观、可识别的文化标识和导示系统的得 2 分	现场检查
一个未来社区建设案例	10	样板区内建有一个体现未来社区理念的社区建设案例得 7 分，全域落实未来社区建设理念的或创建成功一个省级未来社区的得 10 分	台账检查、现场检查
一个海绵城市建设案例	5	有一个海绵城市建设案例的得 3 分，评为省级及以上海绵城市示范项目得 5 分	台账检查、现场检查
一套数字化的公共治理平台	5	接入城市大脑或类似数字化治理平台得 3 分；包含智慧交通、管线安全运行、风貌数字化管控等场景应用的，每有 1 项得 1 分，最多得 2 分	台账检查、现场检查

备注：*选项中选取分数最高的 5 项计分

（2）传统风貌区

指标	分值	评价内容	评价方法
*一处代表性的公共建筑	15	从标识性、地域性、功能性 3 个维度评价： 建筑造型标识性突出，彰显文化内涵品味得 5 分； 公共建筑的建筑风格、建筑材料、建筑色彩体现当地传统建筑特点，体现当地建筑特色得 4 分； 公共建筑内部功能丰富，兼有展示、服务等功能得 4 分； 为历史建筑活化使用的得 2 分； 存在破坏历史建筑的行为，私搭乱建、擅自拆除不得分	台账检查、现场检查
*一座文化特色突出的休闲公园	15	从地域性、功能性、景观性 3 个维度进行评价： 公园与周边传统风貌和功能相协调，并注重地域文化和地域植物景观特色的保护与发展得 5 分； 公园拥有优美的绿色自然环境和人本化活动空间，设置游憩、休闲、运动、科普等设施得 4 分； 植物配置合理、层次丰富、重要行走、活动场所要有足够的植物庇荫，植物品种选择多样又适应本地自然环境得 4 分； 采用传统造园手法建设得 2 分； 耗费大量资金建设大广场、大草坪等大尺度的景观，存在养护成本高、生态性能差、功能参与性弱问题的，每出现一项扣 1 分，扣完即止	现场检查

续表

指标	分值	评价内容	评价方法
*一处宜人尺度的活力广场	15	从人性化尺度、复合化功能、文化场景展现3个维度进行评价： 广场尺度适宜（1公顷以下）、周边活力界面围合性强，活动类型多元、参与性强得5分； 公共活动空间周边建筑商业、休闲、餐饮、娱乐等功能复合，内部空间划分灵活多变，活动丰富多元得4分； 景观小品、铺装、标识、绿化景观体现传统风貌区内涵，有充足的林荫铺装休憩活动场所得4分； 历史场景再现、历史建筑构筑物材料再利用等做法突出案例得2分； 存在尺度过大、功能参与性弱、传统风貌区特色不足、无障碍设施不健全等问题的，每出现一项扣1分，扣完即止	现场检查
*一条有风韵的特色街道	15	从人本化、活力度、文化性3个维度进行评价： 街道尺度适宜、无障碍设施健全、步行体验良好得5分； 街道功能丰富，具有参与性的公共景观，休闲集会游憩等活力功能的植入得4分； 街道风貌文化韵味强，铺装、街道家具、公共环境艺术等融入文化内涵得4分； 出现历史建筑创新性利用、趣味性的特色文化空间营造等突出案例得2分； 出现街道界面破碎、无障碍设施不健全、街道停车、经营等管理秩序差等问题，每出现一项扣1分，扣完即止	现场检查
*一个宜人的慢行系统	15	从连通性、人本化和功能性3个维度进行评价： 慢行系统覆盖公园、街道、广场等开放空间及重要的文化、体育、商业等公建设得5分； 慢行系统沿线有饱满的绿色空间，并注重人性化的遮阴和与相邻嘈杂空间的隔离效果得4分； 沿线设置有满足休憩、休闲要求的相关设施得4分； 通勤型慢行道改造为绿道得2分	现场检查
*一套适应性基础设施建设案例	15	结合传统风貌区更新要求，有针对性地创新适应性基础设施建设案例得15分	台账检查、现场检查
一个鲜明的文化主题（品牌）	10	从主题性、体验性、艺术性3个维度进行评价： 延续传统文化，围绕历史事件、人物、传统工艺等形成鲜明的文化品牌或主题得3分； 围绕文化主题形成特色化的体验游线或特色场景得3分； 有茶吧、书吧、特色市集等文化场所，并定期组织传统文化的展示、体验活动得2分； 文化场所、建（构）筑物、标识系统等设计体现历史文化要素且美观大气、与环境和谐相融得2分	台账检查、现场检查
一个未来社区建设案例	5	样板区内建有一个体现未来社区理念的社区建设案例得3分，全域落实未来社区建设理念的或创建成功一个省级未来社区的得5分	台账检查、现场检查
一套数字化的公共治理平台	5	接入城市大脑或类似数字化治理平台得3分；包含智慧交通、管线安全运行、风貌数字化管控等场景应用的，每有1项得1分，最多得2分	台账检查、现场检查/线上检查

备注：*选项中选取分数最高的4项计分

（3）特色产业区

指标	分值	评价内容	评价方法
*一处代表性的特色建筑	15	从标识性、功能性、地域性 3 个维度进行评价： 建筑造型标识性突出，建筑尺度与周边建筑相协调得 5 分； 建筑承载样板区重要服务功能或对外展示、交流共享等功能得 4 分； 建筑风格、建筑色彩体现当地地域文化特色或产业特色得 3 分； 极具建筑特色，获国家级重要建筑奖项的得 3 分，获省级重要建筑类奖项的得 1 分	台账检查、现场检查
*一处宜人尺度的活力广场	15	从人本性、生态性、活力性 3 个角度进行评价： 广场尺度怡人，空间感和围合性强、内部空间灵活划分，方便人群到达使用的得 5 分； 休闲及活动设施配备完善，标识系统、城市家具等使用方便的得 5 分； 有充足的林荫铺装休憩场所，有透水铺装等生态化措施得 2 分； 城市公共环境艺术品凸显场地特色，具有互动趣味性、文化艺术性、创新技术性，活动类型多元、参与性强的得 3 分； 出现尺度过大、功能参与性弱、无障碍设施不健全等问题的，每出现一项扣 1 分，扣完即止	现场检查
*一处精致的休闲绿地	15	从地域性、功能性和景观性 3 个维度进行评价： 开放绿地与周边城市风貌和功能相协调，注重地域文化和地域植物景观特色的保护与发展得 5 分； 拥有优美的绿色自然环境和人文活动空间，并设置游览、休闲、健身、儿童游戏、运动、科普等多种设施得 5 分； 植物配置合理、层次丰富，重要行走、活动场所有足够的植物庇荫，植物品种选择多样又适应本地自然环境得 5 分； 耗费大量资金建设大广场、大草坪等大尺度的景观，存在养护成本高、生态性能差、使用功能弱的问题，每出现一项扣 1 分，扣完即止	现场检查
*一个特色化建筑改造案例	15	从地域性、功能性和文化性 3 个维度进行评价： 创新性利用原有建筑，整体外观与周边城市风貌相协调得 5 分； 内在功能丰富多元，与特色产业功能有机结合得 5 分； 注重地域文化和地域景观特色的保护与发展得 5 分	现场检查
一项创新活力的特色产业	20	从龙头企业、创新力、影响力 3 个维度评价： （新经济类）主导产业明确，具有国家级影响力龙头企业得 10 分；省级影响力龙头企业得 5 分； 特色人才集聚，有国家级人才（大师）得 5 分，省级人才（大师）得 3 分； 产业影响力强，获得国家级双创基地、科技孵化器、众创空间等重要荣誉得 5 分，省级相关荣誉得 3 分； （文旅类）文旅主题明确，有国家级及以上稀缺景观资源、人文特色（如非物质文化遗产）、历史遗迹（如文保单位）得 10 分，省级资源得 5 分； 特色人才集聚，有国家级大师（非遗传承人）得 5 分，省级大师（非遗传承人）得 3 分； 文旅特色突出，承担国家级大型文旅活动得 5 分，省级相关文旅活动得 3 分	台账检查、现场检查

指标	分值	评价内容	评价方法
一个鲜明的文化主题（品牌）	10	（新经济类）有鲜明的产业文化品牌或主题得3分；有创客咖啡、产业图书馆、交流中心等文化设施和场所，并定期组织交流、体验活动得3分；有美观、可识别的文化标识、园区VI体系得2分；文化场所、建（构）筑物、标识系统极具创意和设计感得2分 （文旅类）有文旅主题相关的特色文旅品牌得3分；定期组织特色主题节庆活动、文旅体验活动得3分；有美观、可识别的文化标识、园区VI体系得2分；文旅设施、建（构）筑物、标识系统极具创意和设计感得2分	台账检查、现场检查
一套数字化的公共运营平台	5	接入城市大脑或类似数字化治理平台得3分；包含智慧交通、管线安全运行、风貌数字化管控等场景应用的，每有1项得1分，最多得2分	台账检查、现场检查／线上检查

备注：*选项中选取分数最高的3项计分

5. 创新性指标

创新性指标（40分）	新基础设施建设	样板区内有智慧管网、综合管廊等新基础设施建设案例的，每有一项得5分，最多得10分
	制度创设	样板区建设中有运营、管理、融资、建设、风貌管控等创新做法，具有推广价值的，每有一项得5分，最多得20分
	典型案例	特色空间塑造做法纳入省经典案例库的，得5分；作为省级相关专项行动现场会考察参观点的，每有1次得5分，最多得10分

6. 否决清单

否决清单	重大安全事故	样板区验收当年度发生重大人员伤亡或较大舆情的燃气爆炸、路面塌陷、城市内涝、桥隧事故、污水入河、供水安全等影响城市运行的重大安全事故的，取消样板评定资格
	重大历史文化保护破坏事件	样板区验收当年度发生拆除重要文物古迹，历史文化街区等重大破坏事件造成重大负面影响的，取消样板评定资格
	违法建设	样板区验收当年度新增违法建筑未进行整治整改的，取消样板评定资格

（二）"县域风貌样板区"建设评价指标

1. 建设评价指标构成

由基础性指标、特色性指标和创新性指标三类指标及否决清单四部分构成。

（1）基础性指标

基础性指标为样板区建设的基本要求，包括生态优良、风貌协调、设施完善、工作绩效4个一级指标和绿色环境、人工与自然协调等7个二级指标构成。总分数为80分。

（2）特色性指标

特色性指标聚焦样板区"十个一"标志性项目的建设成效，包含一个生态宜人的美丽山林、一个自然和谐的美丽河湖、一个集中连片的美丽田园、一个体验山水人文的绿道网络、一个鲜明的文化主题（品牌）、一个美丽城镇省级样板、一个"浙派民居"特色村（或传统村落、美丽宜居示范村）、一个未来乡村、一个因地制宜发展的特色产业（美丽经济）、一条可游可赏可达的美丽公路，其中"一个生态宜人的美丽山林、一个自然和谐的美丽河湖、一个集中连片的美丽田园"任选得分最高的一项，总分数为 80 分。

（3）创新性指标

针对在制度创设、典型案例等方面有突出创新做法案例加以奖励，总分数为 40 分。

（4）否决清单

针对形成重大生态、安全和舆论影响内容形成一票否决清单，取消该年评价资格。

2. 样板区综合得分

综合得分为"县域风貌样板区"的总体评价结果，样板区综合得分 = 基础分 + 特色分 + 创新分，满分 20。

3. 基础性指标

一级 指标	二级 指标	分值	三级指标	评价内容	评价方法
生态 优良 （15分）	绿色 环境	7	生态 修复 与建设	样板区内沿路、沿河、沿山等重点区域以低维护的理念进行绿化、美化、生态修复的得7分，样板区内发现破损山体、矿山未治理点、废弃地等现象每发现一处扣1分，扣完即止	现场检查
		4	环境 空气 质量	年度平均 $PM_{2.5}$ 小于等于 25 微克/立方米的得4分，大于 25 微克/立方米小于等于 30 微克/立方米的得3分；$PM_{2.5}$ 同比减少 10% 及以上的得1分，同比增加 10% 及以上的此项不得分	台账检查
		4	水质 达标率	地表水达到当地水体功能区水质标准得4分，发现一处不达标、污水乱排放、黑臭水体现象扣1分，扣完即止	台账检查
风貌 协调 （20分）	人工与自然协调（带 * 选项选择分数最高的 2 项计分）	10	*沿山（林） 空间	镇村公路选线遵循现状地形地貌，不破坏山体、林地，得3分；建筑群体布局依山就势、显山露景，与山体形成错落和谐的空间关系，得4分；山林周边设置自然缓冲空间，得3分	现场检查

一级指标	二级指标	分值	三级指标	评价内容	评价方法
风貌协调（20分）	人工与自然协调（带 * 选项选择分数最高的2项计分）	10	*沿水（河）空间	滨水空间采用生态驳岸，避免过度城市化、人工化，得4分；滨水具有休闲活力的开放空间，得3分；镇村公路选线与自然水体相协调，不大面积侵占水体，得3分	现场检查
		10	*沿湖（海）空间	沿湖（海）岸空间生态化处理，设置自然缓冲空间，人工干预较少，得4分；建筑群体风貌与湖、海景观相协调，得3分；镇村公路与湖、海相协调，不侵占湖、海，得3分	现场检查
		10	*沿田空间	村庄与周边农田相协调，村庄周围无闲置农田，形成村田相依的村落环境，得4分；田间道路网络完善，便于农业生产，田间设施风貌和乡土环境协调，得3分；镇村空间不非法占用农田，保持农田集中连片有一定规模，得3分	现场检查
设施完善（25分）	生活便利	4	生活圈构建	样板区内乡镇辖区30分钟生活圈、行政村15分钟生活圈内教育、医疗、文化、体育、公园、商服、养老、物流配送、社区管理等设施完善得4分，有缺失的每项扣0.5分，扣完即止	台账检查、现场检查
	交通互联	3	城乡交通畅达	样板区内乡镇三级及以上公路通达得2分；完成"四好农村路"年度工作要求得1分	台账检查、现场检查
		2	城乡公共交通	样板区内客运车辆公交化率达到100%得1分；有跨区域交通电子支付得1分	台账检查
	市政配套	2	规模化供水人口覆盖率	样板区内规模化供水人口覆盖率达95%以上得1分，达到100%得2分	台账检查
		3	污水处理	样板区内农村生活污水处理设施行政村覆盖率达到全省年度目标的得1分，达到95%的得1.5分，未达到不得分；农村生活污水处理设施出水水质达标率达到全省年度目标的得1分，达到95%的得1.5分，未达到不得分	台账检查
		3	垃圾处理	样板区内农村生活垃圾分类收集覆盖面达100%得2分，达不到不得分；建立长效运营机制得1分	台账检查
		3	厕所革命	样板区内无害化公厕全覆盖得2分；公厕达到"四有三无"的要求得1分；发现一处露天公厕、旱厕、棚厕扣1分，扣完即止	台账检查、现场检查
	智慧共享	3	智慧管理	按数字化改革要求，满足数字化治理要求的得3分，不满足的不得分	台账检查、现场检查
		2	网络覆盖	样板区实现4G及以上网络全覆盖得2分，没有不得分	台账检查、现场检查

一级指标	二级指标	分值	三级指标	评价内容	评价方法
工作绩效（20分）	绩效评估	10	项目库完成度	样板区项目库数量及投资额完成度达100%得10分，≥90%得8分，≥80%得6分，≥70%得4分，<70%不得分	台账检查、现场检查
		10	公众满意度评估	建设期内群众风貌满意度≥90%得10分，≥80%得8分，≥70%得4分，≥60%得3分，<60%不得分	第三方问卷调查

4. 特色性指标

指标	分值	评价内容	评价方法
*一个生态宜人的美丽山林	10	省级"最美森林"得10分 若无省级"最美森林"，从以下3个维度评价，最高得8分： （1）文化内涵高：具有历史文化内涵的古树群，得2分； （2）景观效果佳：具生态景观效果好的天然林，得4分； （3）经济价值高：具有生长良好经济价值较高的人工林，得2分	台账检查、现场检查（林业部门考评）
*一个自然和谐的美丽河湖	10	省级"美丽河湖"得10分 若无省级"美丽河湖"，从以下4个维度考评，最高得8分： （1）安全流畅：防洪排涝达到规定标准，重要河段防汛管理道路畅通，得2分，近年来发生过不合理的缩窄、填埋河道等现象，扣1分； （2）生态健康：河湖平面形态自然优美，水系连通性好，滨岸植被覆盖完好，得2分； （3）人水和谐：人工景观展现方式与周边环境协调融合，亲水便民设施布置因地制宜，符合实用、美观、经济要求，得3分，发现一处建筑侵占水域现象扣1分，扣完即止； （4）管护高效：河（湖）长制度有效落实，得1分	台账检查、现场检查（水利部门考评）
*一个集中连片的美丽田园	10	省级"最美田园"得10分 若无省级"最美田园"，从以下4个维度考评，最高得8分： （1）整体连片：有一定的田地规模、连片集中，原则上农田500亩（约33公顷）以上、茶园1000亩（约67公顷）以上、果园500亩（约33公顷）以上，得2分； （2）视觉美丽：作物布局合理有序，环境景色优美，得2分； （3）整洁有序：田间道路沟渠完整，生产设施及管理用房简洁整齐，得2分； （4）效益较好：规模经营，作物产出效益较高，得2分	台账检查、现场检查（农业农村部门考评）
一个体验山水人文的绿道网络	10	省级"最美绿道"得10分 若无省级"最美绿道"，从以下4个维度考评，最高得8分： （1）线路选择合理：串联重要景点及公共节点，与自然山水相协调，充分利用现有的村庄道路、山间古道等，得2分； （2）绿化品质较高：沿线生态自然、绿量饱满，景观风貌良好，空间层次丰富，得2分； （3）慢行空间联系：慢行道连续性强，可达性好，串联乡村公共空间节点，得2分； （4）游憩设施完善：沿线配有休闲驿站、公厕、机动车和非机动车停车点等设施，得2分	台账检查、现场检查（住建部门考评）

指标	分值	评价内容	评价方法
一个鲜明的文化主题（品牌）	10	从以下 4 个维度考评，最高得 10 分： （1）地方特色强：文化主题（品牌）与地方发展特色结合紧密，充分体现乡村农耕文化、地方民俗风情、历史文化、社会人文，得 2 分； （2）文化体验佳：具有一定的文化场所空间，并承载文化创作、展示、体验活动等功能得 2 分；有美观、可识别的文化标识或导示系统得 1 分； （3）推广价值高：文化主题（品牌）在国家级层面有宣传推广案例得 3 分，省级层面有宣传推广案例得 2 分，市级层面有宣传推广案例得 1 分； （4）经济转化好：文化主题（品牌）与地方经济发展紧密结合，产生较好的经济效益，得 2 分	台账检查、现场检查（文旅部门考评）
一个美丽城镇省级样板	10	创建一个美丽城镇基本达标镇得 3 分，创建一个美丽城镇省级样板镇得 7 分，最高得 10 分	台账检查（住建部门考评）
一个"浙派民居"特色村或传统村落或美丽宜居示范村（任选一项）	10	具有彰显地域文脉的"浙派民居"特色村或获评国家、省级传统村落或获评国家、省级美丽宜居示范村的得 10 分。若无，从以下 4 个维度考评，最高得 8 分： （1）地方特色突出：建筑群体能够体现本土特色，彰显地方文化，得 2 分； （2）格局肌理较好：建筑群体的布局能较好呼应自然地形地貌，并和传统肌理脉络协调，得 2 分； （3）风貌管控优良：单体建筑设计创新，和传统意象有所呼应，设计手法现代新颖，得 2 分； （4）推广价值较高：获得省级以上层面的各类宣传报道和奖项等，得 2 分	台账检查、现场检查（住建部门考评）
一个未来乡村	10	省级未来乡村得 10 分	台账检查、现场检查（农业农村部门考评）
		若无省级未来乡村，到达《浙江省未来乡村建设导引（试行）》要求的未来产业、未来风貌、未来文化、未来邻里、未来健康、未来低碳、未来交通、未来智慧和未来治理场景中的任意 8 项得 8 分，每缺 1 项扣 1 分	
一个因地制宜发展的特色产业（美丽经济）	10	从以下 4 个维度考评，最高得 10 分： （1）本土特色强：特色产业（美丽经济）发展与地方特色结合紧密，有特色农业、特色文旅、特色商贸、现代制造、创新业态等一种及以上特色产业项目，得 2 分； （2）经济效益好：样板区内特色产业（美丽经济）总产值近 3 年逐年提升，年平均值每提升 1% 得 0.5 分，最高得 3 分； （3）受惠居民广：样板区内特色产业直接带动就业数量近 3 年逐年提升，年平均值每提升 1% 得 0.5 分，最高得 3 分； （4）经营模式好：特色产业（美丽经济）的经营模式高效合理，联动上下游产业发展，带动乡村振兴和共同富裕，有较高推广价值，得 2 分	台账检查、现场检查（经信部门和文旅部门考评）

指标	分值	评价内容	评价方法
一条可游可赏可达的美丽公路	10	省级"美丽公路"各类称号得 10 分	台账检查、现场检查（交通部门考评）
		若无省级"美丽公路"各类称号，从以下 4 个维度考评，最高得 8 分 （1）安全便民：道路选线合理，与城、镇、乡联系便捷，机非道路宜分开，桥下空间无堆积，无违法占用利用，得 1 分；人车通行安全、有序、顺畅、没有发生重大交通安全事故，得 1 分； （2）景观宜人：道路沿线生态景观良好、风景宜人，与山水、农田等自然要素结合紧密，得 1 分；因地制宜配置乡土植物，形成多层次的景观风貌，得 1 分； （3）路容路貌：路容路貌优美，标志标线规范齐全，道路沿线杆线设置整齐有序，无违法广告，得 1 分；交通安全设施完好，无危险桥隧，得 1 分； （4）设施完备：具有完备的公路服务设施和应急保障体系得 1 分；建设有高水准的公路养护和交通服务队伍得 0.5 分；建立多功能信息平台得 0.5 分	

备注：＊选项中选取分数最高的 1 项计分

5. 创新性指标

创新性指标（40 分）	制度创设	样板区建设中有运营、管理、融资、建设、风貌管控等创新做法，具有推广价值的，每有一项得 5 分，最多得 20 分
	典型案例	特色空间塑造、创新型基础设施（污水处理、垃圾收集、公共厕所等）、公共服务设施建设等特色做法纳入省经典案例库的，每有一个得 5 分；作为省级相关专项行动现场会考察参观点的，每有一次得 5 分；最多得 20 分

6. 否决清单

否决清单	生态环境破坏	样板区验收当年度发生重大环境破坏情形，或因环境保护问题被省级及以上党委、政府发文通报批评，取消样板评定资格
	重大历史文化保护破坏事件	样板区验收当年度发生省级以上历史文化街区、历史文化名镇名村、传统村落历史格局和风貌破坏，文物损毁等严重违规违法事件，取消样板评定资格
	重大毁林毁绿事件	样板区内发生重大毁林毁绿事件的，取消样板评定资格
	违法建设	样板区验收当年度存在违规违法占用永久基本农田和生态红线的，未整改到位的取消样板评定资格

浙江省城乡风貌整治提升优秀行动方案

一、县级优秀行动方案

1.1 杭州市桐庐县城乡风貌整治提升行动方案

（1）总体理念

作为富春山居图实景地，桐庐县本轮城乡风貌整治以"富春山居·潇洒桐庐"为总体定位（富春呈"貌"、潇洒显"风"），注重山水底色、人文特质、城乡建设的提升与融合，强化"水碧山青村如画"的整体景观风貌，以实现"中国最美县"再升级（图1）。

图1 杭州桐庐县城乡风貌整治提升行动的总体理念
来源：浙江省城乡风貌整治提升工作专班办公室

（2）定位格局

总体格局方面，县域风貌嵌城乡于山水，连村落成魅廊，提升富春江壮美廊道、分水江秀美廊道，塑造富春山水人居样板，建设七条魅力风景带，形成"两江清风，江城相拥，七径通幽"的总体风貌框架。划分山地生态、滨江乐活、富春栖居、丘冈田园、中心乐活五大风貌片区，提出差异化引导措施。城市风貌以迎春路、东兴路为城市景观主轴，连水脉、绿道成蓝绿网络，加快健康城、科技城、未来城、创智城、慢享城五大组团发展，形成"五城联动，廊带交织"的城景相融的格局。加强富春江"一江两岸"景观特色塑造，打造现代版富春山居图实景地、最桐庐的左岸风情带（图2）。

两江清风，展潇洒桐庐——富春江壮美廊道、分水江秀美廊道。

江城相拥，绘富春山居——主城区、横村、瑶琳、分水等城镇均是拥江发展的典型山水人居样板。

七径通幽，藏世外美村——山水康养风景带、前溪养生风景带、运动休闲风景带、富春田园风情带、古风民俗风景带、慢生活风景带、农旅融合风景带。

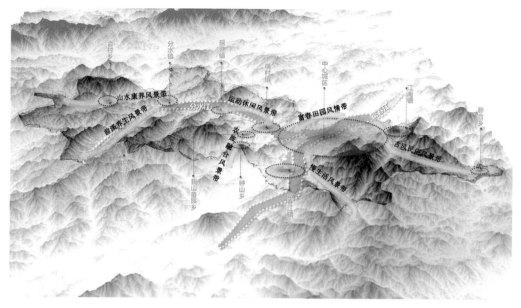

图2　杭州桐庐县城乡风貌整治提升行动的定位格局
来源：浙江省城乡风貌整治提升工作专班办公室

（3）行动路径

针对桐庐县城乡风貌底色亮，待优化；潜质好，待提升，服务优，待补全，文蕴深，待展示的特点，提出五大行动方案（图3）。实施"水碧山青行动"，提升山水林田湖生态景观建设；实施"富春山居行动"，打造宜居宜业宜游的富春山居式城乡人居环境；实施"秀美画城行动"，围绕"八个一工作要求"提升桐城意境；实施"惠民安居行动"，完善公共服务和基础设施保障社会民生；实施"多彩人文行动"，加快文旅融合发展。

图3　杭州桐庐县城乡风貌整治提升行动的行动路径
来源：浙江省城乡风貌整治提升工作专班办公室

（4）样板创建

桐庐县结合资源底色和风貌特征，2022年底前计划建成迎春商务区城市风貌样板区，富春江镇、城南街道的富春慢居县域风貌样板区和分水镇、百江镇的隐逸田园县域风貌样板区，"十四五"期间桐庐将积极推进"5个城市样板、8个县域样板"的示范建设。

（5）亮点特色

桐庐县城乡风貌整治提升聚焦中国最美县如何再树标杆开展行动。从特色与底板再认识、目标框架再谋划以及行动路径再出发进行风貌特色系统提升。围绕城乡风貌整治提升核心要求，抓重要项目、优重点路径、亮重点片区，突出点上出彩、线上亮化、面上美丽，高效推进城乡风貌整治提升行动（图4）。

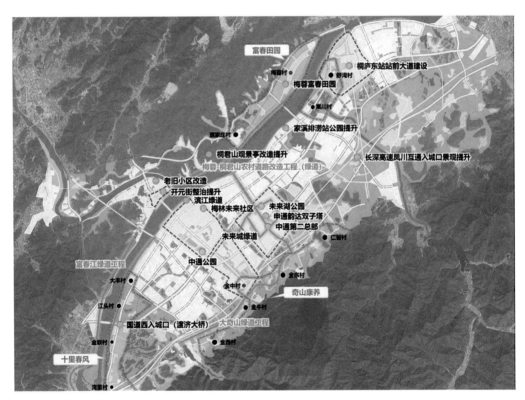

图4 杭州桐庐县城乡风貌整治提升行动的亮点特色
来源：浙江省城乡风貌整治提升工作专班办公室

1.2 杭州市富阳区城乡风貌整治提升行动方案

（1）总体理念

天下佳山水，古今推富春。行动方案编制整体以重塑富春山居画卷为目标，勾画以"春江醉景、江山如画"的富春水画卷和"炊烟袅袅、岁月静好"的富春山画卷，共同勾勒富阳总体城乡风貌（图5）。

图5　杭州富阳区城乡风貌整治提升行动的总体理念
来源：浙江省城乡风貌整治提升工作专班办公室

（2）定位格局

作为《富春山居图》的原创地和实景地，结合富阳总体城市设计、富阳分区规划、旅游规划等，最终提出"富春山居，画在浙里"的总体定位。风貌格局上，将总体定位中的"一画"，分解成为"山水人文画""创新活力图""都市田园卷"和"幸福宜居景"四幅图景。通过重点分析富阳区域发展格局和梳理地域风貌特色要素，明确"一江两带串五城，两心五线连三区"的富阳总体风貌框架，并从风貌分区、沿山滨水空间、色彩、天际线和生态廊道等多方面进行主题风貌导控。

（3）行动路径

针对富阳区城乡风貌整体存在的自然风貌韵味不足、城市人文辨识度不高、公共空间缺乏活力等现状问题，提出营画境、增魅力、优设施、串成链、融活力、创数字六大风貌行动将其逐个破解。首先，通过营画境行动重点刻画富阳风貌特色，实现富春江两岸风貌互动；其次通过增魅力、优设施、串成链3项行动突出风貌硬核，做到点上出彩、线上丰满；最后通过融活力、创数字两项行动强化风貌内涵，实现由表及里，表里如一（图6）。

（4）样板创建

富阳区总体按照城市沿江、溯溪、伴湖依水而生的特点以及地域特色和文化传承划分样板区，通过"样板先行、流域提升、全域绘就"3个阶段打造富阳十四景，最终实现全域风貌的整体提升。计划"十四五"期间打造覆盖全区24个乡镇街道的

六大风貌行动

风貌特色
重点刻画

营画境·富春江两岸风貌互动，让富春山水永续流传

风貌硬核
点上出彩
线上丰满

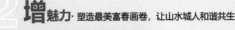
增魅力·塑造最美富春画卷，让山水城人和谐共生

优设施·设施精准补足，让群众生活更便捷

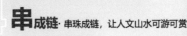
串成链·串珠成链，让人文山水可游可赏

风貌内涵
由表及里
表里如一

融活力·由表及里激发风貌内生活力，让公共生活多彩阳光

创数字·数字化人性化便民服务，党建引领群众生活智慧便捷

图6 杭州富阳区城乡风貌整治提升行动的行动路径
来源：浙江省城乡风貌整治提升工作专班办公室

"7+7"共计14个样板区（即7个城市风貌样板区+7个县域风貌样板区）。

（5）亮点特色

富阳风貌工作注重公众的参与。为让城乡风貌整治提升工作更贴近大众所需，计划发布富阳风貌公众指南，图文展示富阳风貌地图，同时融入非遗文化民俗等体现文化内涵，让富阳风貌可玩，可游，可赏，让富阳风貌品质提升更深入人心。

二、市级优秀行动方案

2.1 嘉兴市城乡风貌整治提升行动方案

（1）总体理念

以"红船魂、运河情、江南韵、国际范"为总领，通过城乡风貌整治提升行动将嘉兴打造成"红船起航地、共富典范城、九水江南韵、未来生活诗"的世界级诗画江南（图7）。

（2）定位格局

总体格局方面，沿袭禾城发展脉络，多彩嘉兴圈层递进，形成"一心、一眼、一邸、一柱、一环、多片成翼"的市区风貌格局。以南湖为核心，统筹整个市区的精神内涵、环境要素和用地肌理，提升整个市区风貌的向心力；以月河、梅湾、子城为主

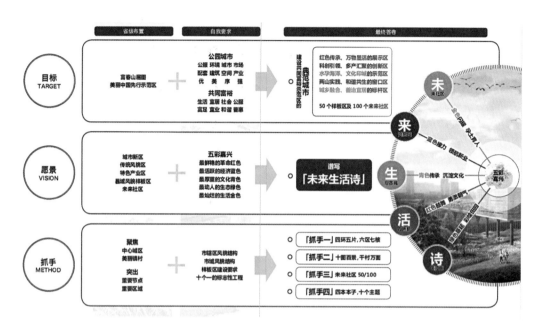

图7　嘉兴市城乡风貌整治提升行动的总体理念
来源：浙江省城乡风貌整治提升工作专班办公室

力，护好老城的文化心眼，借助巷道水路彼此贯通交汇，延古承今，拼贴外围；以南湖、国商、秀湖、运河为支柱，树立市区最为蒸蒸日上的发展高墙，布局眺望点位，共谋优雅天际；以创新、融合为主题打造多维产业界面，充分利用城边区域的开敞空间，结合产业特色和生态环境推陈造势；以中心城区的临界空间为主体，打造城乡渐变、城乡融合、城乡交织的特色空间，用最新的绿包围城市；以市区周边"荡、园、林、果、野"的五位资源要素为主题，创建第一圈县域空间，呈现真正的"市外桃源"（图8）。

（3）行动路径

针对嘉兴市城乡风貌整体存在的现状问题，城市层面提出自然格局统筹、重要节点优化、重要路径优化、重要区域优化、风貌游线打造、未来

图8　衢州市城乡风貌整治提升行动的定位格局
来源：浙江省城乡风貌整治提升工作专班办公室

社区建设六大风貌行动将其逐个破解。首先，自然格局方面构建三横多脉生态网络，构建全域"三环九射"的蛛状水网基础格局，构建多种滨水岸线，打开城市与生态的连接界面；重要节点构建完善城市地标体系，确定重要的城市地标节点，优化城市公共空间，实现城乡基本公共服务均等化，注重公共空间的建设与优化；重要路径保障现代交通品质，构建"一心三环三楔八廊二十园"的城市绿道系统，提升优化门户形象；重要区域打造六种风貌特色区；风貌游线打造"红船魂、运河情、江南韵、国际范"四条风貌特色线；未来社区建设注重场景搭建。县域层面注重生态景观提升、公服与基础设施建设、建筑风貌提升、美丽风景带打造和风貌跨区域引导（图9）。

图9 嘉兴市城乡风貌整治提升行动的行动路径
来源：浙江省城乡风貌整治提升工作专班办公室

（4）样板创建

嘉兴市域共创建样板区74个，其中城市新区26个，传统风貌区13个，特色产业区16个，县域风貌样板区19个。围绕"七核两带"打造15个以上城市新区样板区，其中重点为9个；围绕"四带八区"打造15个以上特色产业样板区其中重点为6个；围绕"三带多心"打造10个以上传统风貌样板区，其中重点为6个；围绕"三带八核"打造15个以上县域风貌样板区，其中重点为9个。

（5）亮点特色

嘉兴风貌工作有以下创新点。①市域统筹创新，全市优质资源要摸清，有计划地推出，避免遗漏；全市布局结构也需要有统一谋划，分清市—县级主次，全市各类部门相关工作与各类专项规划需要统一衔接。②方案谋划创新，全市层面要有整体的与宏观发展相互结合的主题；明确市、市辖区、县（市、区）等各主体任务系统，思考如何优化成果形式，既不缺项，又简洁易懂。③机制建立创新，在市品质办下设风貌专班，发挥嘉兴特色，利于统筹；1对1联络、周六双例会、周报制度、人员多专业构成；风貌样板区三维展示平台、BIM项目流程管理平台等（图10）。

■ **嘉兴市提升行动方案「全本」**

通过市域城乡风貌整治提升行动方案，确定全市风貌整治的总体目标与定位，划定市域格局，并对样板区申报创建进行市域统筹。

■ **嘉兴市提升行动方案「读本」**

在整治提升行动方案的基础上形成方案读本，对内容进行提炼，简明扼要的展示本次整治提升行动的核心内容，对上汇报工作，对下布置任务。

面向政府

■ **嘉兴市实施方案「文本」**

以政府视角，用文字形式展示嘉兴市城乡风貌整治提升的行动方案，可用作政府审议、发文。

面向主体

■ **三区实施方案「详本」**

嘉兴市区三区在市总体方案的统筹引领下，结合各区的实际情况，对风貌整治提升行动作更为深入的细化研究，对样板区创建进行具体任务的落实。

图10 嘉兴市城乡风貌整治提升行动的亮点特色
来源：浙江省城乡风貌整治提升工作专班办公室

2.2 衢州市城乡风貌整治提升行动方案

（1）总体理念

以"衢味花园、山水画城"为目标，打造具有辨识度的融合自然之美、人文之美、和谐之美的城乡风貌，打造一个诗意山水、活力创新、包容有礼、整体大美的"四省边际美丽样板"（图11）。

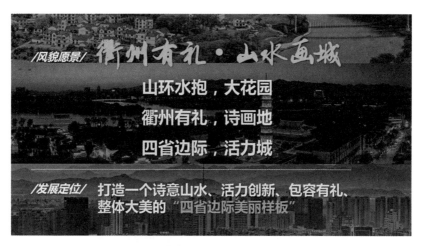

图 11 衢州市城乡风貌整治提升行动的总体理念
来源：浙江省城乡风貌整治提升工作专班办公室

（2）定位格局

市域层面形成"二屏塑谷，一川汇流，六廊通景"的整体风貌格局：北部的千里岗山脉和南侧的仙霞岭山脉，将衢州中心城区环抱其中，形成南北山体生态屏障；四方河流水系汇聚衢江，形成中部穿城而过的"衢州有礼"诗画风光带；依托水系、美丽公路形成六条通景廊带。中心城区层面形成"一带穿城展画卷，九廊汇聚通山水，三轴四心塑城脊"的风貌总体格局：依托信安湖、常山港、江山港构筑的衢州城市首展带；依托南北七条水系形成的连山接水的山水生态绿廊；信安大道—花园大道城市功能主轴和府东街—衢化路产城融合主轴；城市风貌展示核心，自西向东分别为高铁新城核心、一江两岸城市主中心、远期商务活力核心、衢江公共服务核心。

（3）行动路径

通过分析研究衢州市发展格局和风貌特色要素，提出四大行动路径，从格局保护、节点出彩、路径提升、短板补强等方面进行梳理，全面突显特色风貌区域：针对独特的山水城格局开展格局保护行动，保护并彰显城市特色格局；针对入城节点、城市地标、公共空间等问题开展节点出彩行动，提升城市辨识度；针对街道与滨水问题开展路径提升行动，串点成线，构建"最衢州"的风貌感知路径；针对短板区域风貌不佳问题开展短板补强行动。

（4）亮点特色

本次行动方案更加强调两个聚焦，更好指导下一步的工作，在过程中突出风貌特色，强化风貌导控：重点聚焦城市风貌感知区域构建，通过识别衢州城市的特色空间场所，梳理空间脉络，构建展示衢州城市特色的风貌首展带，在此基础上，明确重点整治提升的对象、资金投入、建设品质等；重点聚焦未来社区场景营造，以"人本化、生态化、数字化"场景营造理念为统领，以城市全域未来社区、乡村新社区建设为抓手，带动老旧小区改造，提升社区服务水平和治理水平，打造共同富裕的衢州样板（图12）。

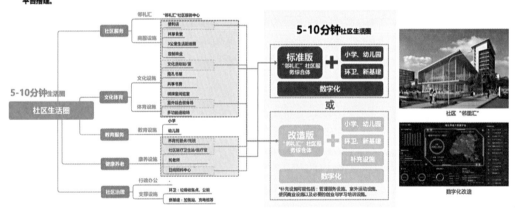

图12　衢州市城乡风貌整治提升行动的亮点特色
来源：浙江省城乡风貌整治提升工作专班办公室

浙江省新时代富春山居图样板区优秀案例

一、金华多湖里城市新区风貌样板区

1.1 基本情况

金东多湖里城市新区风貌样板区位于金华市多湖中央商务区，与婺州古城隔江而望，是金华的 CBD，总面积约 212 公顷（图 1）。

图 1　金华婺城多湖里城市新区风貌样板区整体鸟瞰
来源：浙江省城乡风貌整治提升工作专班办公室

1.2 特色亮点

（1）注重江水城与自然生态的和谐共生。以水面和大面积生态空间为核心，并限制人为活动，外围适当布置高品质建筑，形成人与自然和建筑和谐共生的大美画卷（图 2、图 3）。

图 2　金华婺城燕尾洲公园
来源：浙江省城乡风貌整治提升工作专班办公室

图3 金华婺剧院
来源：浙江省城乡风貌整治提升工作专班办公室

（2）注重第五立面的整治提升。以小区为重点，逐步推进建筑屋顶的综合改造，从高空俯瞰角度提升城市风貌。

（3）注重风貌的长效管控。基于数字孪生城市，打造城市综合管理平台，落实风貌的长效管控，强化制高点和生态视线廊道等城市设计风貌原则。

1.3 创新做法

（1）市级统筹、两区共建共享的联动建设范式。项目由市、区（金东、婺城）城投对接落实实施，风貌办协调统一。

（2）政府主导、市场化运维的城市治理模式。通过引入市场化经营公司，与地方政府国资平台成立合资合作平台，采用城市管家的模式，提升运维效率，提高区域品质。

二、绍兴水韵纺都特色产业风貌样板区

2.1 基本情况

柯桥"水韵纺都"特色产业风貌区以中国轻纺城为主体，包含瓜渚湖、浙东古运河以及柯桥古镇，既代表柯桥水乡特色城市底蕴，也展现柯桥轻纺产业生态实力。风貌区总投资约26亿，包含中国轻纺城"水韵纺都"城市更新项目：环境提升工程、轻纺城"水韵纺都"建设、下市头未来社区建设工程等9个项目（图4、图5）。

图4　绍兴柯桥古镇
来源：浙江省城乡风貌整治提升工作专班办公室

图5　绍兴柯桥纺博会
来源：浙江省城乡风貌整治提升工作专班办公室

2.2　特色亮点

（1）通过滨河全线的生态景观提升、特色广场及特色建筑立面打造等工程建设，形成沿河线型社交空间和休闲空间（图6）。

（2）成立利可达智慧物流平台、浙江中国轻纺城城市物业管理有限公司，完善了市场交易服务。

（3）成功创建下市头未来社区，提升公共服务配套设施能力。

图 6　绍兴柯桥瓜
渚湖
来源：浙江省城
乡风貌整治提升
工作专班办公室

2.3　创新做法

（1）注重柯桥古镇的空间保护与文化传承，以保留传统、恢复原貌为主，尽量做到修旧如旧。打造古镇文化 IP（知识产权），着力推出以"柯桥夜泊"为主题的系列夜游活动。

（2）大力推进"数字轻纺城"和"数字物流港"两大项目建设，全国首创"绍兴市柯桥区纺织品花样数治应用"成功上线。

（3）完善配套服务设施，组织沿线公共空间，有效解决停车问题，建设下市头未来社区，通过打造"社景合一"模式，提升综合服务。

三、台州路桥"十里长街"传统风貌样板区

3.1　基本情况

样板区范围以路桥传统的水乡文化、邮亭文化、宗教文化，与现代的建筑文化、商贸文化、乡贤文化的碰撞，展现了古与今、新与旧、雅与闹的融合，总面积 45.37 公顷，2021～2022 年建设实施项目 23 个，总投资 8.70 亿元（图 7、图 8）。

图 7　台州路桥"十里长街"传统风貌样板区的夜景
来源：浙江省城乡风貌整治提升工作专班办公室

图8 台州路桥"十里长街"传统风貌样板区鸟瞰
来源：浙江省城乡风貌整治提升工作专班办公室

3.2 特色亮点

（1）"十里长街"传统商业街的保护与修缮完好，呈现出完整的历史风貌，周边新开发的现代商业街区与历史街区的风貌进行了较好的过渡与衔接。

（2）风貌区保留了历史街区内固有的原住居民和业态，并极大地注入适合年轻人的鲜活业态，受到了年轻人的参与欢迎，激活了周边经济活力。

3.3 创新做法

（1）从空间格局、街巷肌理、街道立面、节点景观等进行整治提升，充分展示了路桥传统的水乡文化、邮亭文化、宗教文化与现代的建筑文化、商贸文化、乡贤文化的融合（图8）。

（2）出台《路桥区十里长街管理办法》，提炼十里长街宋韵文化主题IP（知识产权）和文化标识，引进多元业态，人气旺。

四、丽水缙云"溪山云行画卷"县域风貌样板区

4.1 基本情况

缙云"溪山云行画卷"县域风貌样板区以"九曲画廊，人间仙都"为主题，立足得天独厚自然景观和人文资源，建设了一条生态与农文旅相融合的特色风情廊道（图9、图10）。

4.2 特色亮点

（1）产业引领全过程。围绕景点推动民宿产业提质升级，目前是浙江省规模最大

图 9　丽水缙云
"溪山云行画卷"
县域风貌样板区
东方千亩田园
来源：浙江省城
乡风貌整治提升
工作专班办公室

图 10　丽水缙云
"溪山云行画卷"
县域风貌样板区
山水下洋
来源：浙江省城
乡风貌整治提升
工作专班办公室

的民宿集群之一；不断做深"旅游+"文章，将千亩耕地从村集体统一流转，打造现代农业发展模式。

（2）文化赋能全过程。围绕黄帝文化、书法文化、红色文化，不断提升文化价值。

（3）生态贯穿全过程。注重自然肌理，减少人为干预，基于沿线资源优势，打造漫游健身、滨水游赏、乡村文旅为主要功能的瓯江山水诗路廊道，提高沿线生态价值与景观价值（图11）。

4.3　创新做法

（1）以"项目引擎"推进区域统筹开发。推动好溪流域综合整治，壶镇至仙都段河道综合治理工程、仙都岩宕综合开发项目、缙云菜干培训中心项目等一大批重点项目，为样板区注入新的产业、文化及经济活力。

（2）以"产业引擎"带动农民致富增收。实现了大地变景观、民房变民宿、绿叶变金叶、村姑变导游、文化变文创"五个变"。

图 11　丽水缙云"溪山云行画卷"县域风貌样板区生态绿道
来源：浙江省城乡风貌整治提升工作专班办公室

▌后记

浙江省是我国共同富裕的先行试验示范区。在城乡建设方面，自2000年初的"千万工程"开始，建设模式和推进机制不断迭代升级，城乡风貌整治提升作为新时代下美丽浙江的新实践，是浙江省当前共同富裕现代化基本单元建设行动的重要抓手。城乡风貌整治提升坚持与功能完善、产业升级、生态提升、治理优化一体化推进，深度融合国土空间治理、城市与乡村有机更新、美丽城镇与乡村建设等的一项系统集成工作。从2021年发布《浙江省城乡风貌整治提升行动实施方案》以来，浙江省城乡风貌整治提升行动快速推进，第一批"5321"城乡风貌样板区在2023年初已经全面建成，今后还将以城乡风貌整治提升行动为牵引，以样板区建设为示范引领，推动实施城乡风貌整治提升工程，加快推进基础设施更新改造、公共服务补短板、入口门户特色塑造、特色街道整治提升等系列专项行动，推出一批城乡风貌整治提升重点项目，建立由样板区建设转向综合品质打造、全面提升的工作体系。

经过一年多的实践探索，浙江省城乡风貌建设行动已经在工作体系、推进机制和样板区建设方面取得了丰富的实践成果。因此，本课题组在2022年初受浙江省住房和城乡建设厅委托，开展浙江省城乡风貌建设相关理论和实践经验的总结工作。首先，浙江工业大学城乡规划学科和浙江省城乡风貌整治提升工作专班核心成员组建了课题组，制定了详细的研究计划，依托浙江省国土空间规划学会小城镇学术委员会、浙江工业大学美好生活研究院有序开展研究；其次，对浙江省城乡风貌建设的相关政策、行动方案和工作框架进行了系统研究；第三，与浙江省城乡风貌整治提升工作专班一起，参与了大量风貌样板区创建、建设和评价验收工作，赴浙江省各地城乡建设一线开展实地调研和部门座谈，收集了丰富的第一手资料；第四，课题组通过对大量国内外城乡风貌相关的理论研究和国际案例解读，以及对浙江省各地风貌样板区先进经验的梳理提炼，形成了本书的基本框架和主体内容；第五，课题组定期开展内部交流研讨，多次由浙江省住房和城乡建设厅领导进行现场指导，通过开题、中期评审和结题评审等各个环节不断完善优化本书成果。最后，本成果在 2023 年 2 月交付中国建筑工业出版社进入出版流程。

　　本书从浙江省城乡风貌建设的背景与意义入手，梳理了改革开放以来浙江城乡风貌建设的实践脉络，对城乡风貌建设的理论基础进行了阐释，借鉴了国内外先进案例的经验，构建了本书的总体研究框架。总体研究框架分为 3 部分，分别是管理体系、标准体系和实践体系。其中，实践体系部分又分为技术经验和案例经验，技术经验包括城乡风貌要素提升、城市风貌整治提升、县域风貌整治提升 3 个维度，对浙江省风貌建设的核心理念与建设模式分别进行总结提炼；案例经验包括典型样板区案例介绍和运营创新机制案例介绍两大部分。通过三大部分全面和系统地总结了浙江省近两年来在城乡风貌建设方面的理论和实践成果，旨在形成浙江模式、输出浙江经验，为全国其他地区提供经验借鉴，最终为新时代美丽中国和中国式现代化建设贡献力量。

　　本书在成稿过程中得到了多位领导、各级政府和高校的大力支持和帮助。首先，要感谢编委会组长浙江省住房和城乡建设厅应柏平厅长和副组长姚昭晖副厅长的引领和指导；其次，要感谢浙江省住房和城乡建设厅黄武处长和赵栋处长的悉心指导和建议；最后，还要感谢浙江省城乡风貌整治提升工作专班的各位领导和核心成员在资料提供、调研联系和验收安排等方面对撰写工作的大力支持。

浙江省城乡风貌整治提升工作专班办公室

浙江工业大学课题组

2023 年 2 月 12 日